纺织服装高等教育“十三五”部委级规划教材

摩羯日记
创意成衣立裁
FASHION DRAPING

甄珠 著

東華大學出版社·上海

图书在版编目（CIP）数据

摩羯日记：创意成衣立裁/甄珠著.--上海：东华大学出版社，2019.3

ISBN 978-7-5669-1540-5

Ⅰ.①摩… Ⅱ.①甄… Ⅲ.①立体裁剪 Ⅳ.①TS941.631

中国版本图书馆CIP数据核字(2019)第013817号

责任编辑：谢 未
装帧设计：王 丽

摩羯日记：创意成衣立裁
MOJIERIJI:CHUANGYI CHENGYI LICAI

著　　者：甄 珠

出　　版：东华大学出版社

（上海市延安西路1882号　邮政编码：200051）

出版社网址：dhupress.dhu.edu.cn

天猫旗舰店：http://dhdx.tmall.com

营销中心：021-62193056　62373056　62379558

印　　刷：上海利丰雅高印刷有限公司

开　　本：889 mm × 1194 mm　1/16

印　　张：8.5

字　　数：299千字

版　　次：2022年7月第3版

印　　次：2022年7月第3次印刷

书　　号：ISBN 978-7-5669-1540-5

定　　价：59.00元

目录

第 1 款　插肩叠褶女衬衫 /6

第 2 款　双排扣西服领连衣裙 /16

第 3 款　创意连衣裙 /26

第 4 款　浅弧领夹克 /38

第 5 款　波浪摆大衣 /56

第 6 款　插肩袖风衣 /72

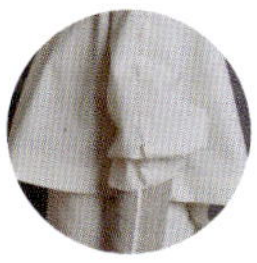

第 7 款　O 形套裙 /86

第 8 款　连肩袖插角裙摆礼服裙 /94

第 9 款　垂荡戗驳领披肩 /108

第 10 款　蝴蝶兰造型礼服 /116

第 11 款　拼接无袖套装 /124

作者简介

甄珠，从事服装制版 20 年，1998 年成立服装工作室，2002 年开始在北京致力于服装立体裁剪的探索和研究，担任多家服装企业技术顾问，同时，曾受聘于多所高校担任立体裁剪和平面制版讲师。2014 年开创“新多元创意时装立裁”和“简剪平立结合”教学模式，令服装结构教育摆脱僵化、程式化的模式，在立裁课堂中融入平面制版的服装工艺知识，多维直观地将晦涩难懂的结构知识变得生动有趣，令人印象深刻，受到广大学员的喜爱。为了让更多的读者了解和喜爱服装结构，2015 年，甄珠老师创建了自己的微信订阅号：甄珠服装立体裁剪工作室，发布了一系列名为《白色摩羯日记》的立裁教程，引起更多人关注并受到很多专业人士的好评。

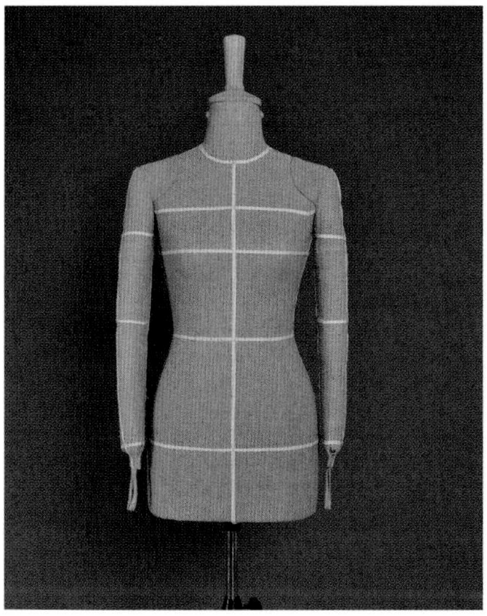

立裁工具说明

立裁人台、手臂、烫斗、立裁剪刀、立裁标记线、0.5mm 立裁针、针包、打版尺、皮尺。

第 1 款

图 1-1

插肩叠褶女衬衫

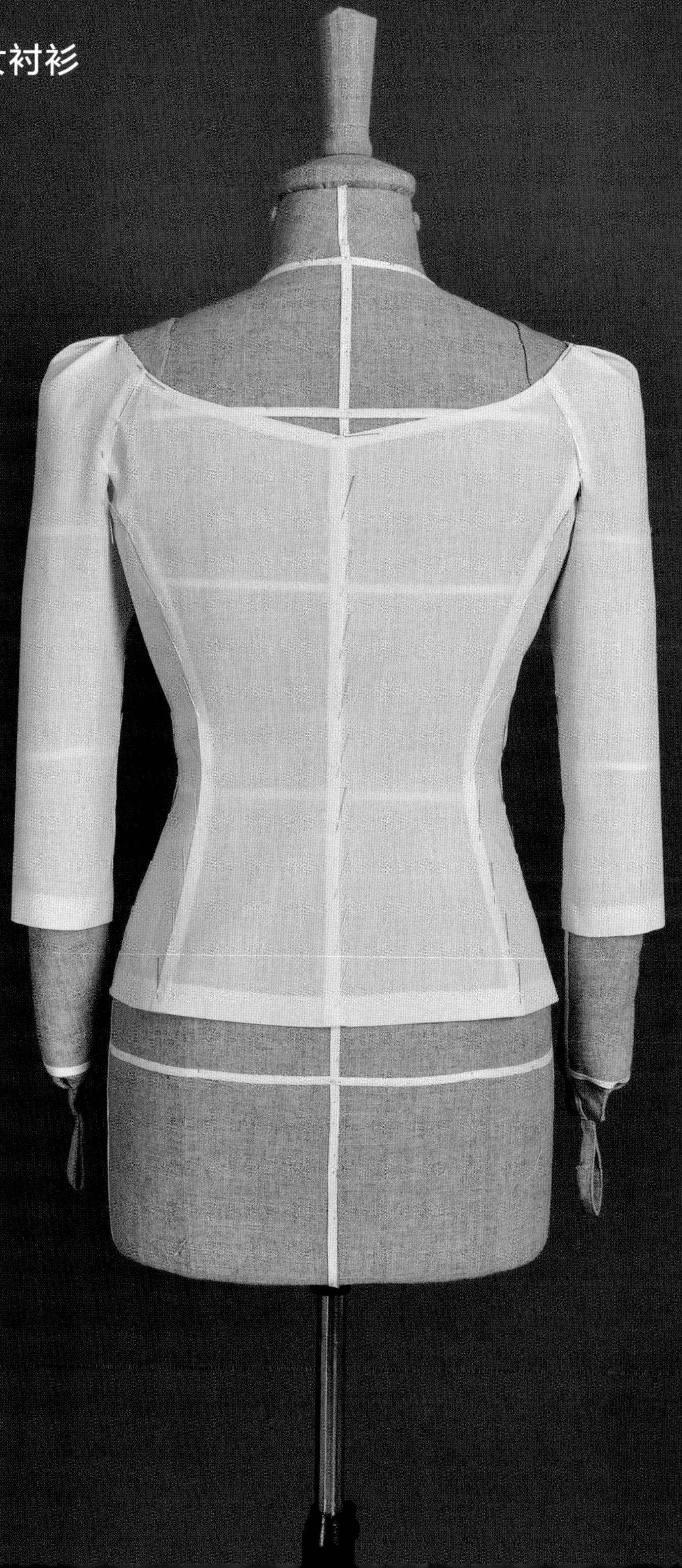

图 1-2

（一）款式分析

修身外形，收腰以集中向前中腰部的叠褶来表现，左右两片以暗扣叠搭，腰线褶皱中间将斜纱布料两端塞进，别具匠心，插肩七分中长袖设计与衣身领口衔接，弧线优雅、美好，凸显女性魅力（图 1-1 ~图 1-3）。

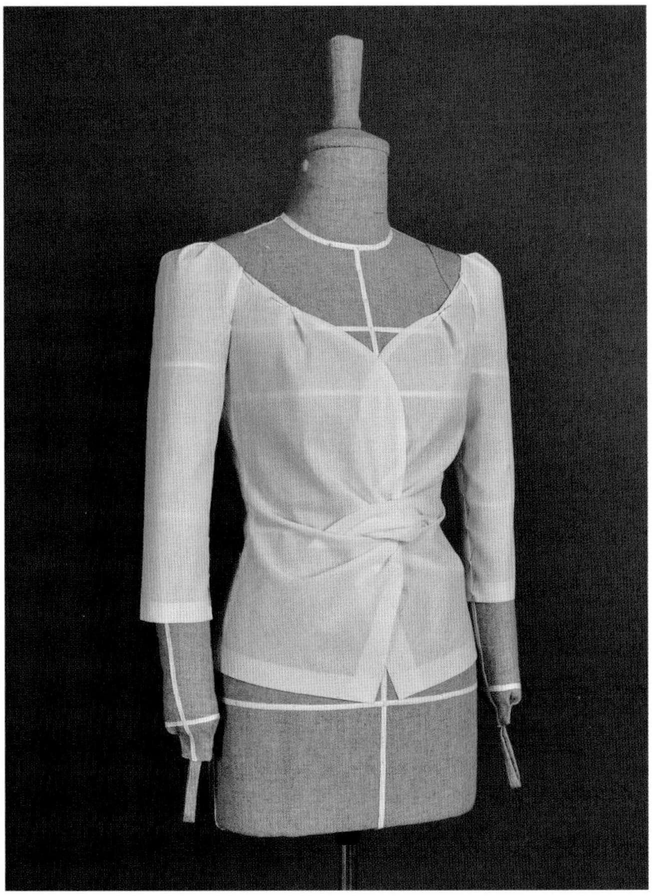

图 1-3

（二）操作步骤

1. 备布（图 1-4）

单位：cm

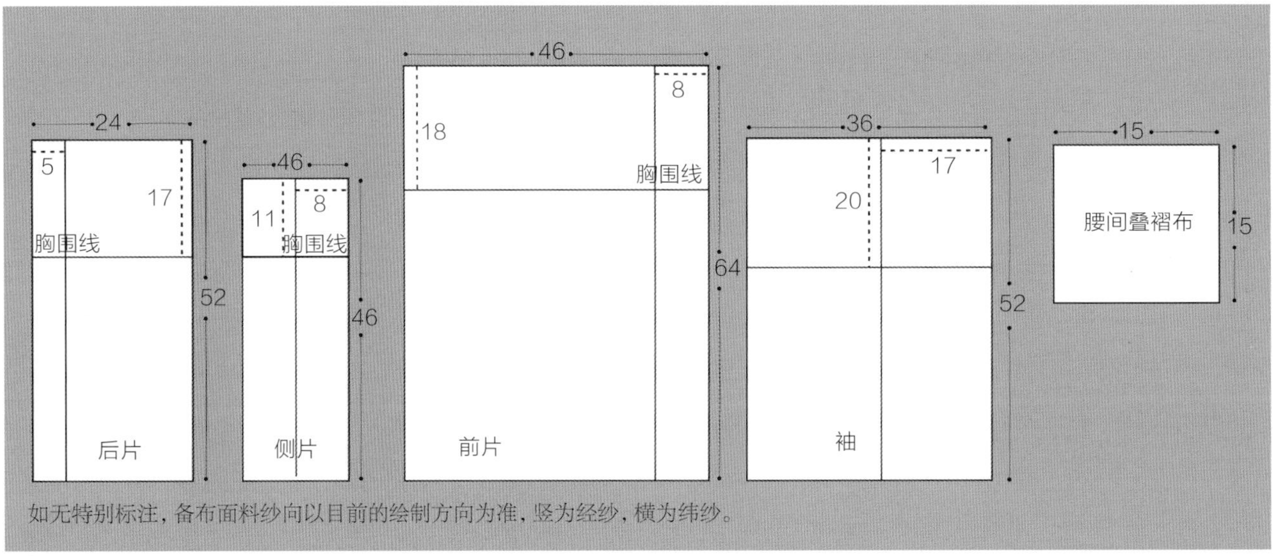

图 1-4

2. 贴人台标记线

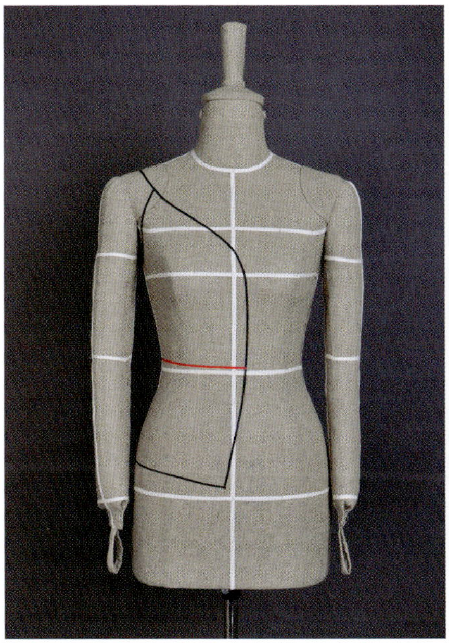
图 1-5

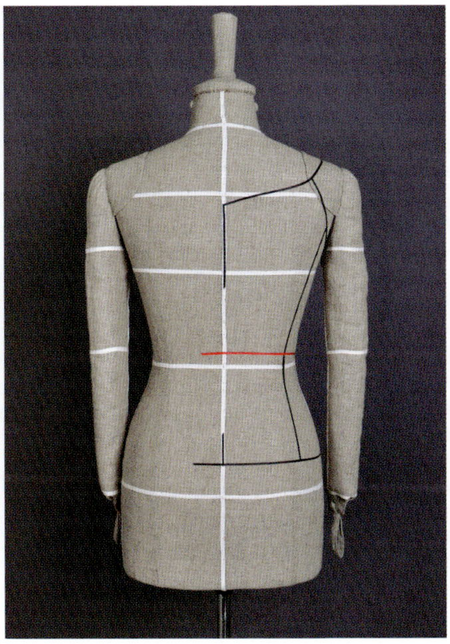
图 1-6

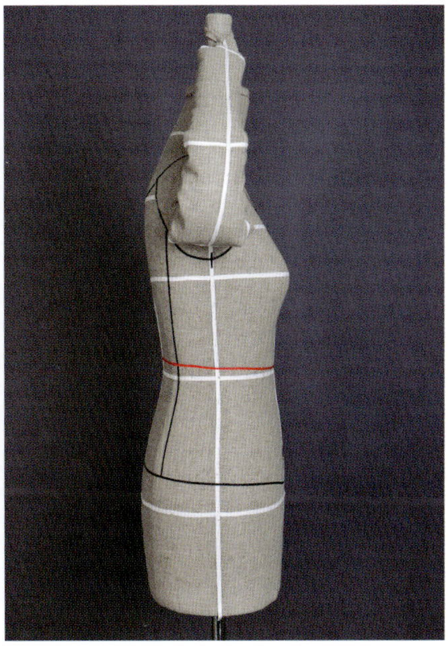
图 1-7

>> **图 1-5** 用黑色标记线将上衣领、搭门宽 2.2cm、下摆线前中渐长贴顺畅。红色标线标注的是前后腰最细处位置，符合较理想的人体比例，抬高视线使上衣塑型效果更佳。

>> **图 1-6** 后片结构适合简洁修身的腋下片纵向分割结构。

>> **图 1-7** 袖窿底在侧缝腋下位置距离胸围线 1.5cm 处，插肩袖与衣身的连接位置贴线要圆顺，后背宽比前胸宽稍宽 1 ~ 1.5cm。

3. 制作前衣身

>> **图 1-8** 首先将备布的前中垂直、胸围线水平左右胸点处固定于人台，前中腰节线向下 2 ~ 3cm 处别针固定，下摆在臀围线上 6cm 左右固定。

>> **图 1-9** 为使较宽的桃心状领口更加伏贴，将前片止口以外布料沿胸围线剪开，顺领口上方将布料抚平，腋窝处别针固定。

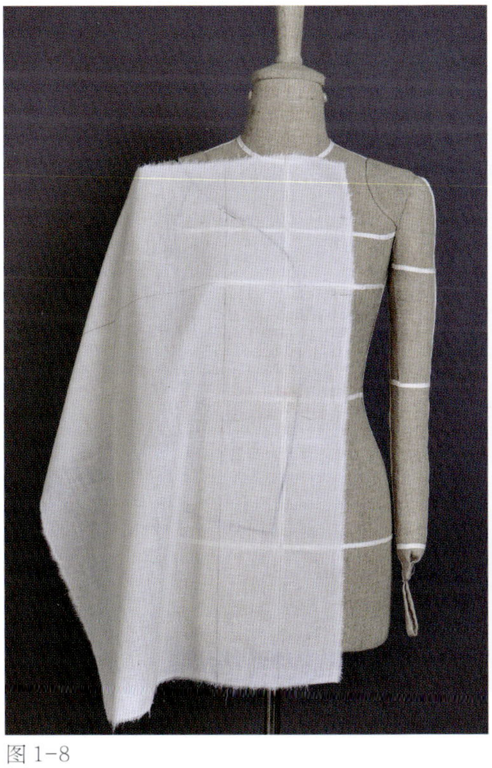
图 1-8

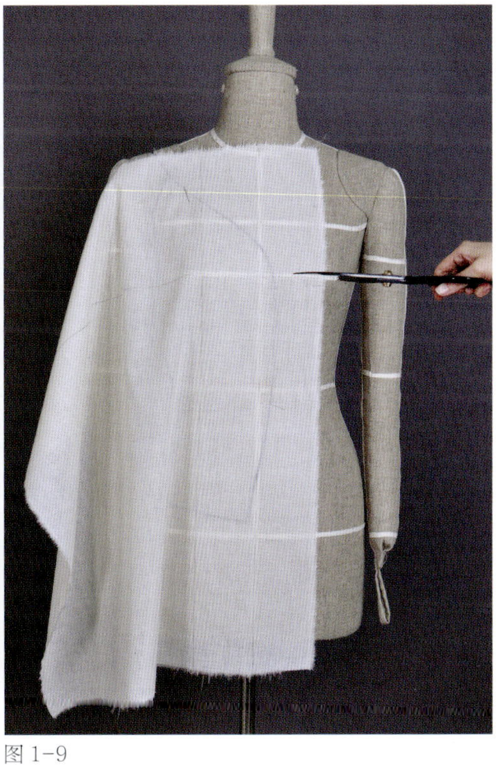
图 1-9

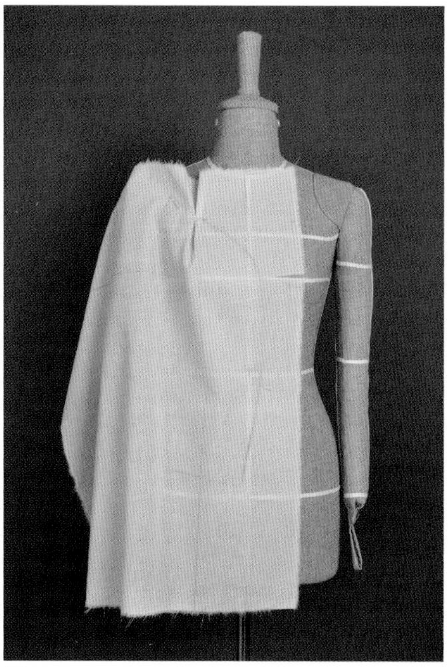
图 1-10

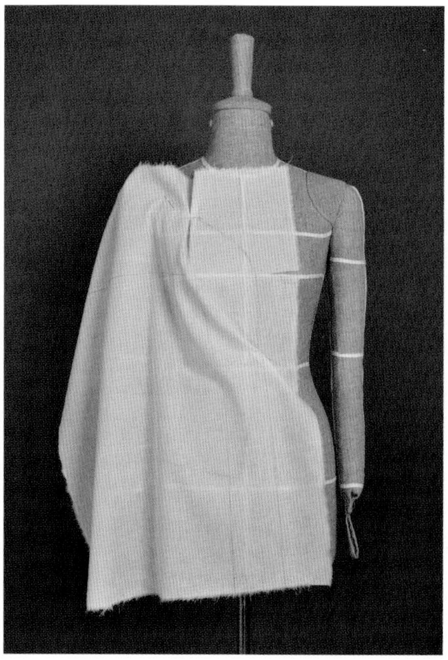
图 1-11

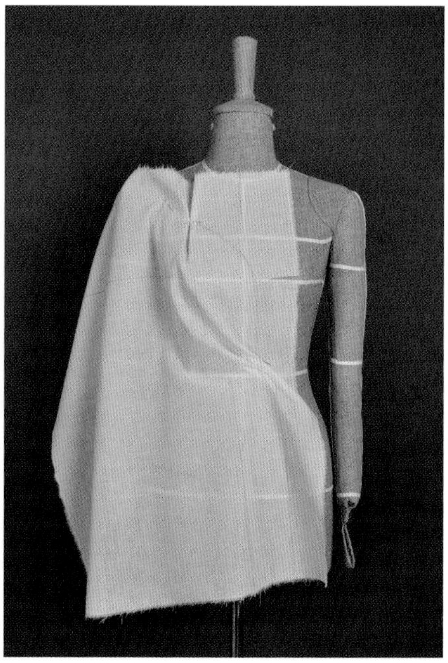
图 1-12

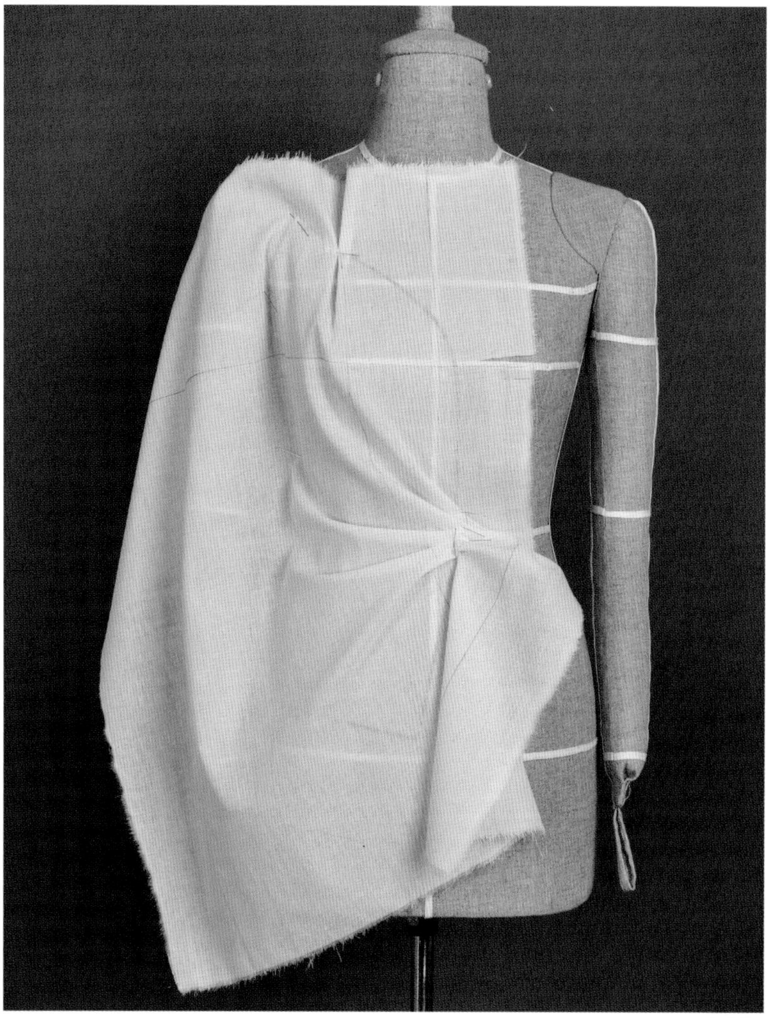
图 1-13

>> **图 1-10** 由于领口处横向打了剪口，抚平至领口上端的浮起量会增加，胸点附近放出松量约 0.5cm，再向侧面转折，放量相似，在胸宽插肩线位置别针固定。

>> **图 1-11** 胸围辅助线转向侧面仍保持水平并伴有适当的放松量，确保袖窿处纵向没有过多的松量，然后就可以开始叠指向腰部的褶皱了。由于褶皱较多，第一个褶皱的位置要从腰节线抬高 3 ~ 4cm 为佳。

>> **图 1-12** 再叠第二个褶，观察胸侧至腰侧，平衡舒展地给予放松量，顺应衣纹走向，褶皱间距不一定要等量，但尽可能保持相似的数据，使褶距协调舒适。

>> **图 1-13** 腰部和胯部松量继续保持协调，为使下摆布料扣向身体，最后一个褶皱方向可以调整向下，褶皱都呈现光芒般的放射消失状。

图 1-14

注意：人台的资源常常有限，各品牌目标人群体态存在差异，审美不同，追求不一，所以在体型结构数据上必须收集参考各年龄段体型特点，必要时根据测量数据结果改造人台。

>> 图 1-14 腰节提高位置打剪口，由于前中是一片结构，侧缝线可以向前偏移 1cm。

>> 图 1-15 在袖窿高度 1/3 处左右打剪口，前胸布料逐渐转向侧面，布边留出 2cm 以备修改，修剪出袖窿圈。

>> 图 1-16 标记线贴出裁片轮廓，袖窿侧缝上口 2cm 布边，下摆 4cm 布边。

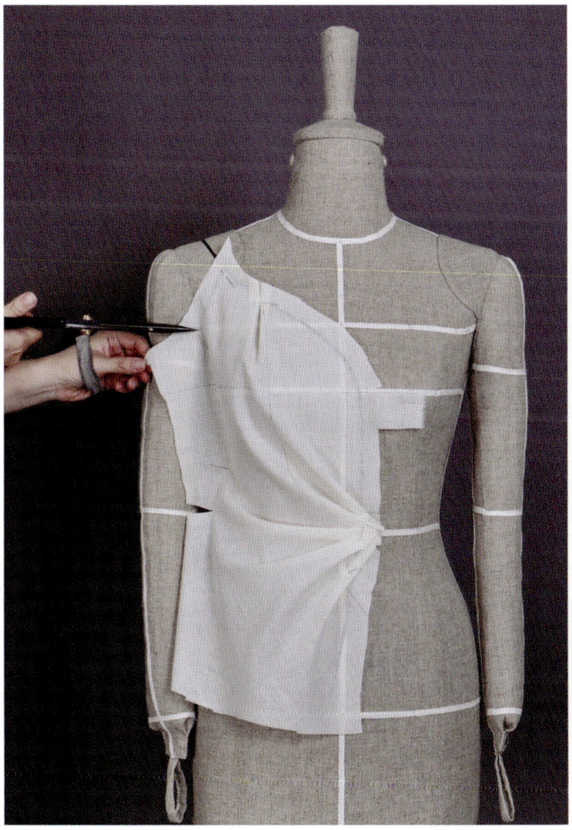

图 1-15

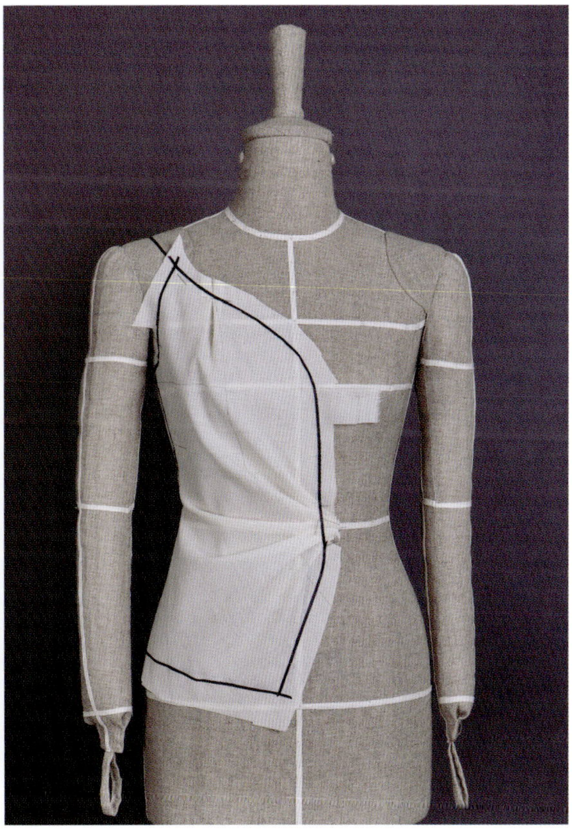

图 1-16

4. 制作后衣身

图 1-17

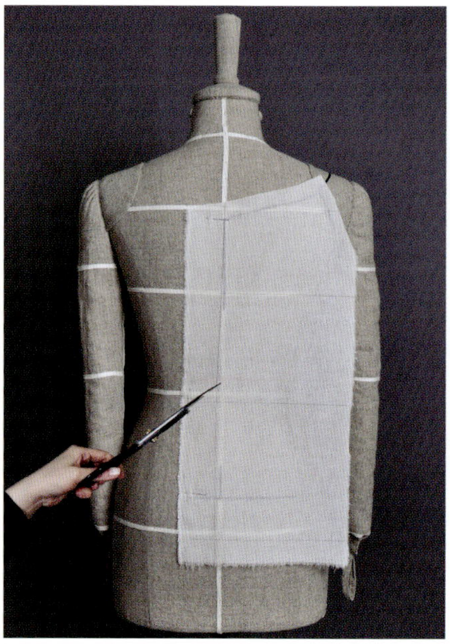

图 1-18

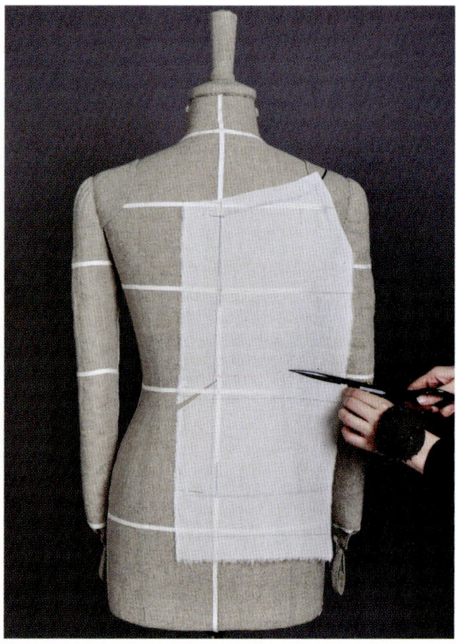

图 1-19

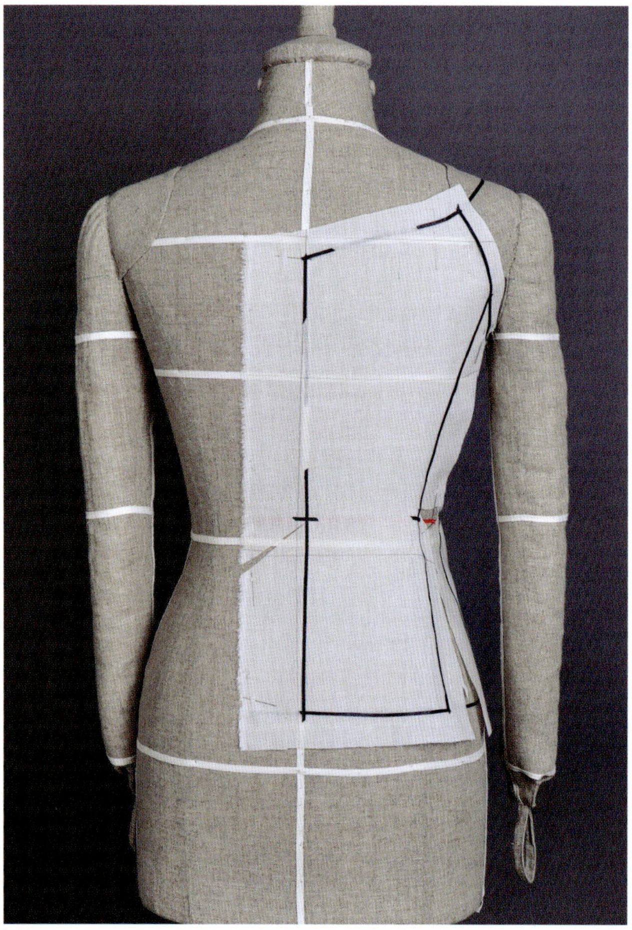

图 1-20

>> **图 1-17** 后片立裁。将备布后中垂直，肩胛骨线水平对齐人台颈、肩部，由于领口过大，不宜松弛，需要抚平且稍紧固定。

>> **图 1-18** 由于修身且后中破缝结构，后腰浮起量较多，可在后中线上设计腰省，立裁由肩胛向下抚平布料时也会发现后中收进一些省量，对准红色腰节标记线和后中垂直线的交叉点斜向打剪口，注意人台和面料之间的空间量，也就是腰部的松量。

>> **图 1-19** 将侧面腰节线抬高位置打剪口，同样注意腰节空间量，不要紧贴着人台，容易造成后中片的侧面线条增长，很难与侧片吻合。

>> **图 1-20** 后片的侧面、腰节、下摆，控制好放松量后进行固定。贴出标记线，留布边 2 ~ 3cm。

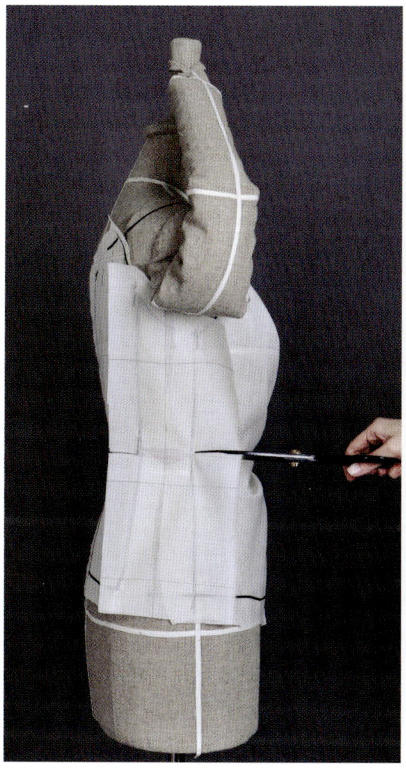

图 1-21

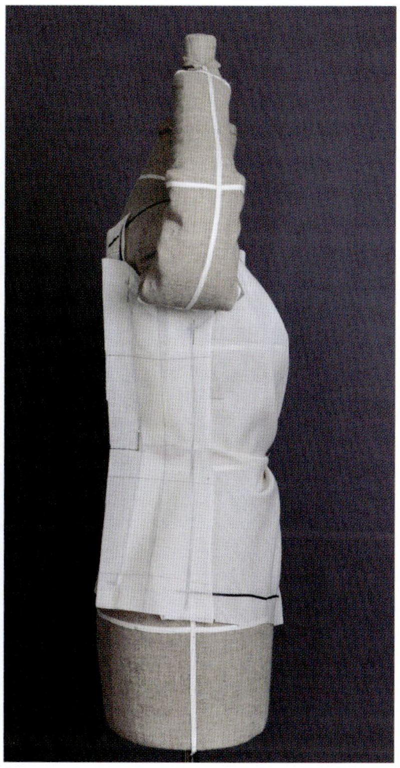

图 1-22

图 1-23

>> 图 1-21 后侧的立裁，先将后侧片备布中线居于侧片中间垂直放置，放出适当松量，再将前、侧、后片边缘处胸围线水平对齐别针，下摆处同理，收腰处需要打剪口。

>> 图 1-22 检验侧片的空间量和平衡感。

>> 图 1-23 再细别线条，针距在 3 ~ 4cm 左右，修剪多余的布边。

图 1-24

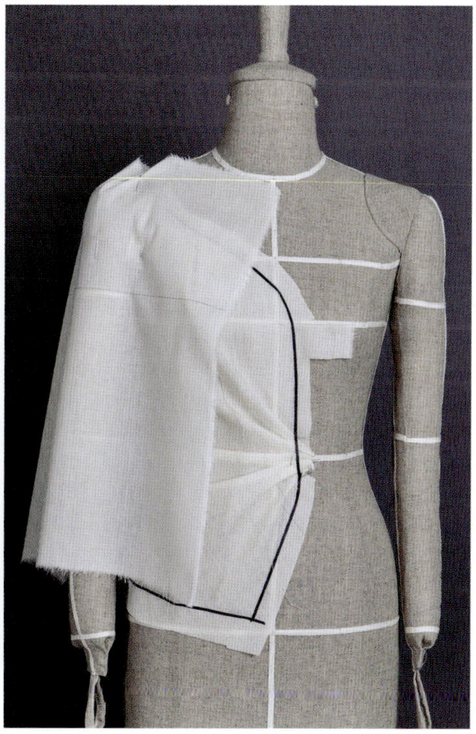

图 1-25

5. 制作袖子

>> 图 1-24 将袖子备布中线对准人台手臂中线，袖肥线水平对齐手臂袖肥线。

>> 图 1-25 确定好前袖肥，在腋点处固定。将袖山顶端浮起量暂别在肩头，等待整理。

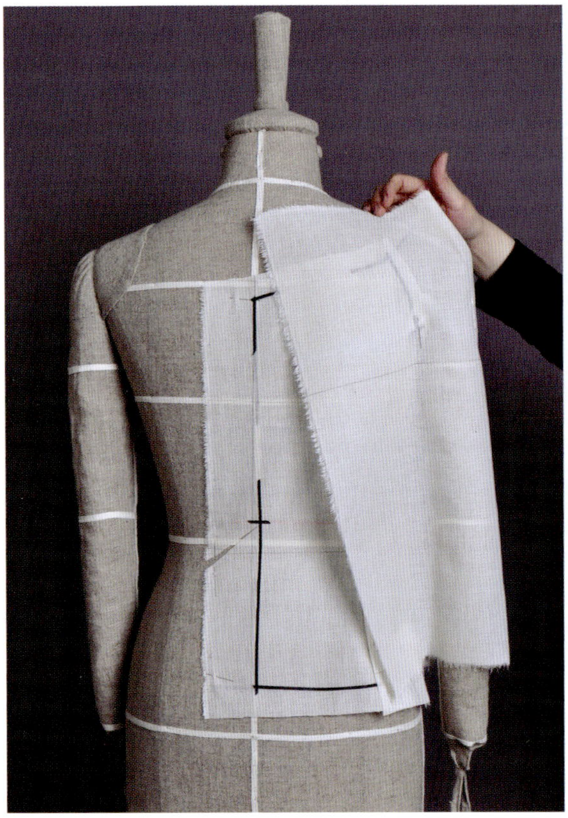
图 1-26

图 1-27

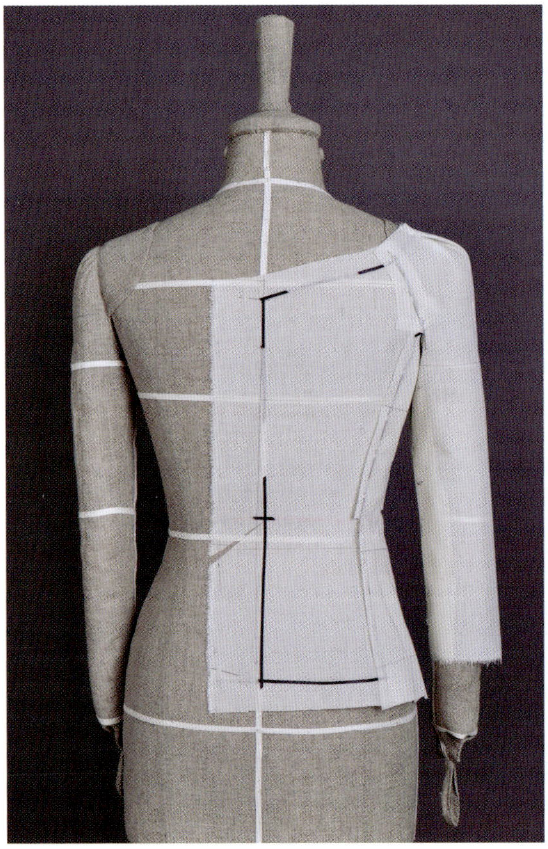
图 1-28

图 1-29

图 1-30

>> 图 1-26 伏贴地将后袖身结合处固定，将浮起量褶成褶皱。再次检验前后袖肥松量，务必注意在制作过程中保留好。

>> 图 1-27 在前后袖的腋点处打剪口，将布料转至腋下，袖窿凹弧预留缝份 4cm 修剪。

>> 图 1-28 将后片袖内侧布料摆放平衡，松量控制均匀，腋下袖窿弧线别针固定。

>> 图 1-29 将前片袖内侧布料摆放平衡，松量控制均匀，腋下袖窿弧线别针固定。

>> 图 1-30 用正方形的对角线先叠出腰部装饰带，扭曲出装饰效果夹入最中间的一个褶皱中，两边固定好。

>> 图 1-31 组装好的侧面效果。

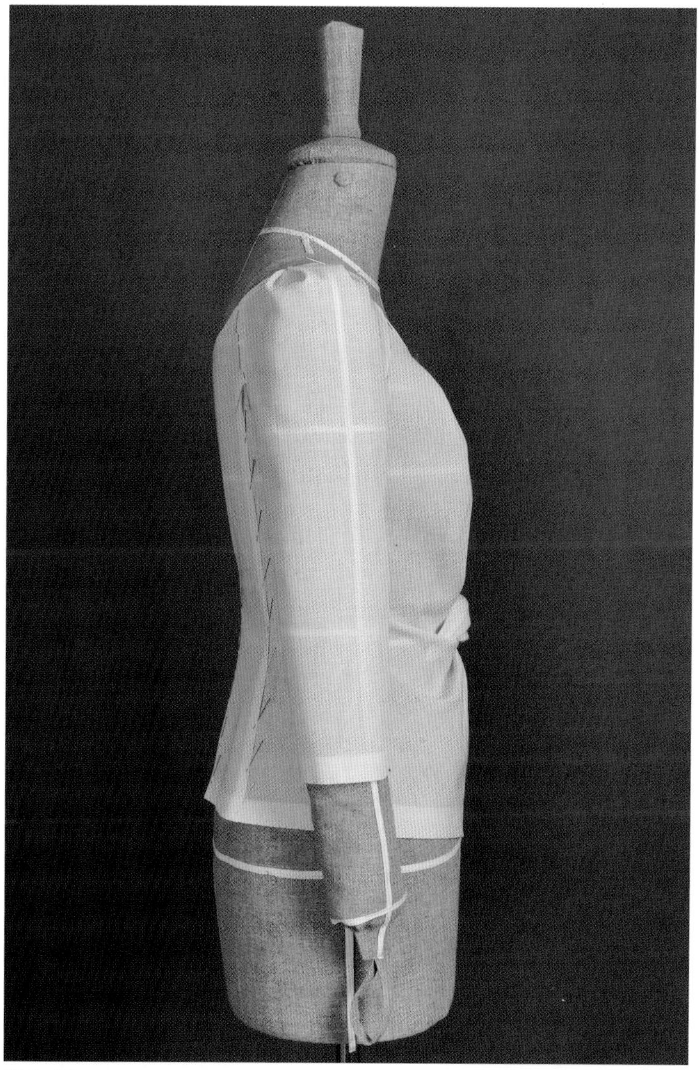

图 1-31

6. 绘制布版

>> 图 1-32 >> 图 1-33 袖子和衣身的布版，完整封闭地画线，标注褶皱的大小、方向，以及消失点，核对各处缝合线是否吻合。将三围、衣长、袖长、肩宽这些尺寸记录下来留档。

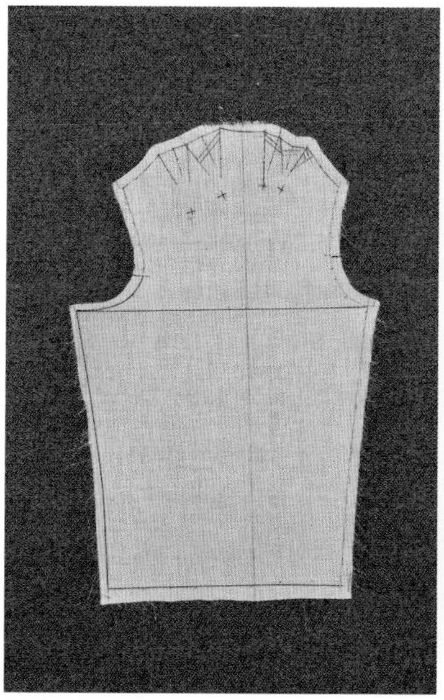

图 1-32

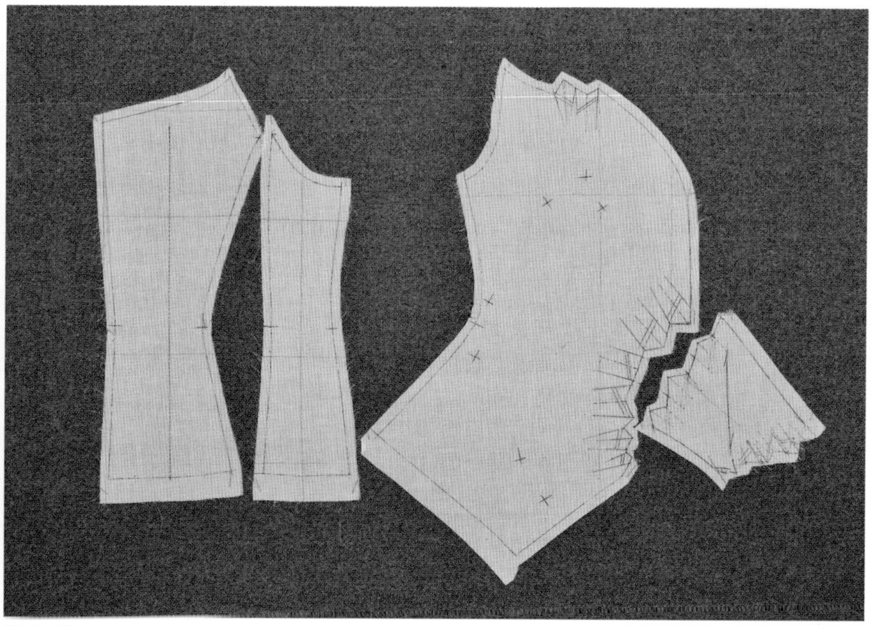

图 1-33

第 2 款

图 2-1

双排扣西服领连衣裙

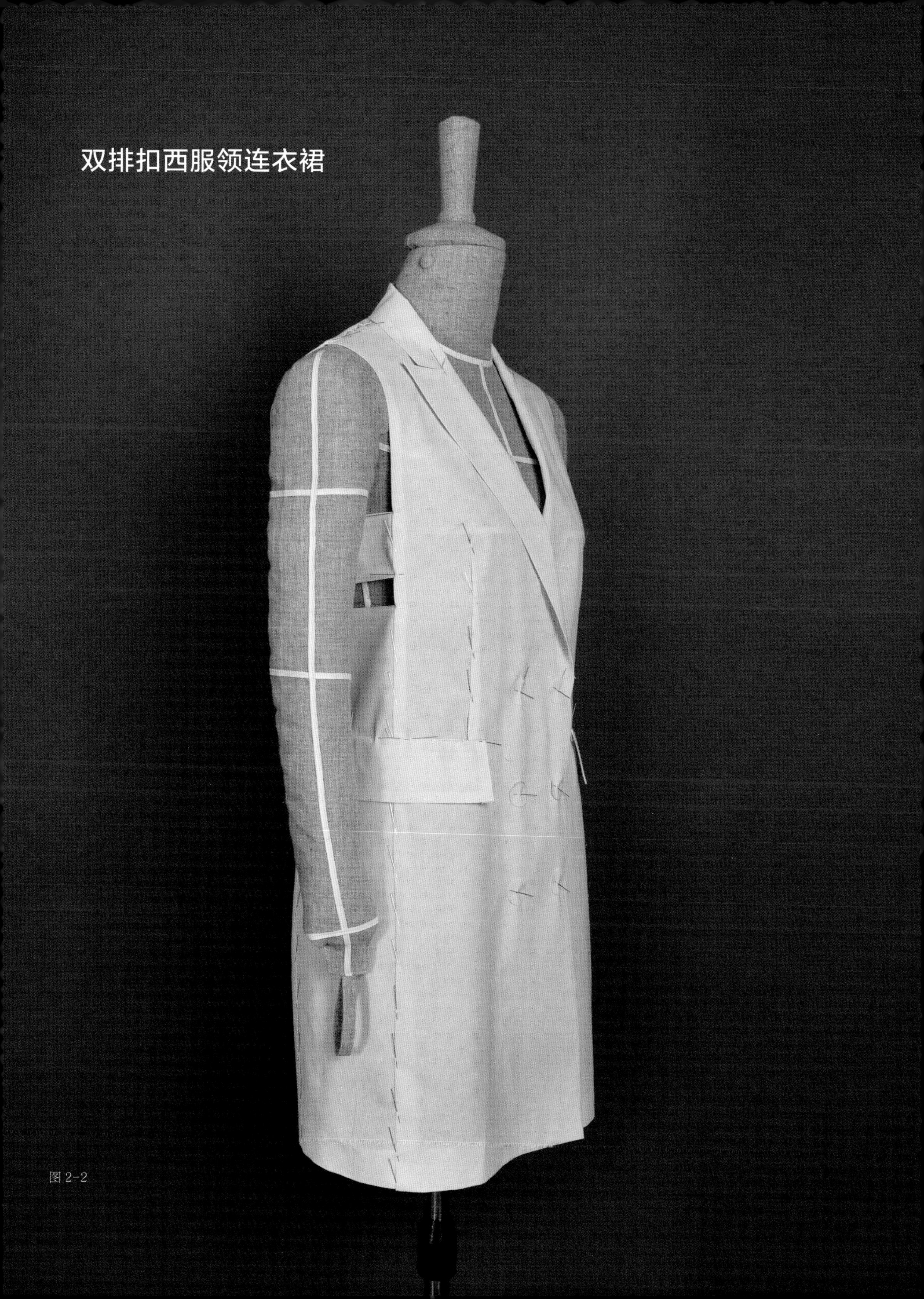

图 2-2

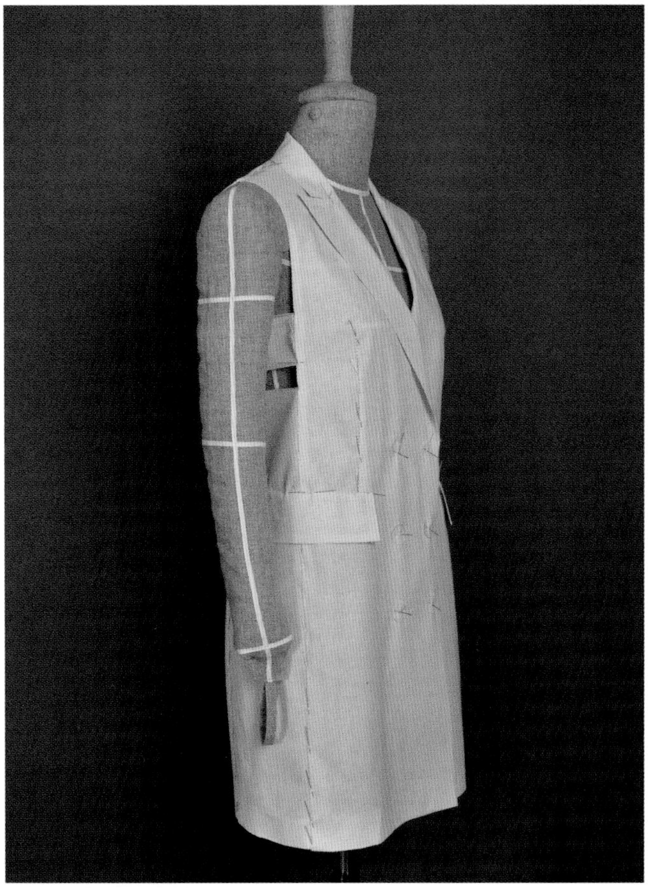

图 2-3

（一）款式分析

这是一款中性戗驳领双排扣无袖连衣裙，为增添女性特质和设计点，在侧面破缝线位置适当镂空线条，简炼有趣。门襟设计较宽，为三组双排扣，传统侧西服袋盖，无需下装搭配，裙长至膝上，胸围和臀围放松量相似，直身形稍微收腰（图 2-1 ~图 2-3）。

（二）操作步骤

1. 备布（图 2-4）

单位：cm

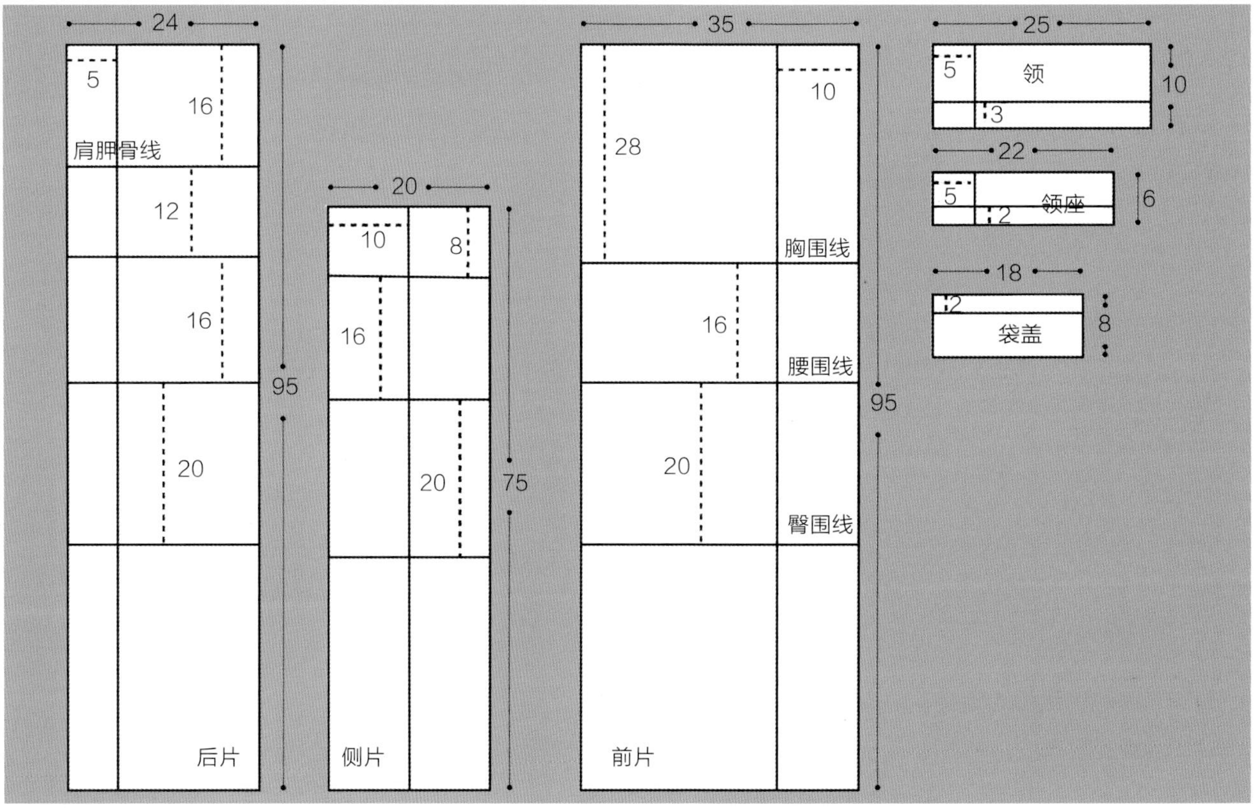

图 2-4

图 2-5

2. 贴人台标记线

>> 图 2-5 贴出前片主要结构线、收腰位置、搭门宽设计为 4.5cm 左右、侧面镂空位置。领口开宽约 0.5cm，领座位置，翻领设计好再由翻折线向外镜像贴出戗驳领外形，此图中用红色线表示。

>> 图 2-6 侧片分割由收进 2cm 的小肩位置顺贴至腰节，经胯部口袋位置再至下摆，侧面的纵向分割线很弯，但实际成衣加放松量后并不会那样贴体。

>> 图 2-7 后片腰节向上提高约 1.5cm，侧片分割是由收进 2cm 的位置顺贴至腰节和下摆。

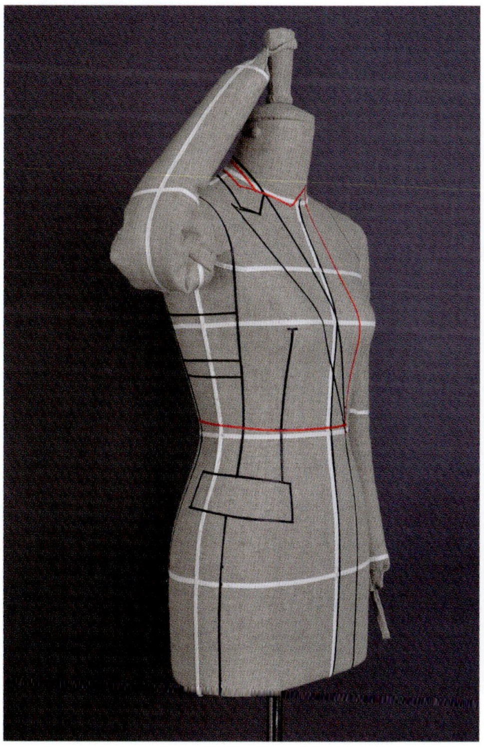

图 2-6

图 2-7

3. 制作前衣身

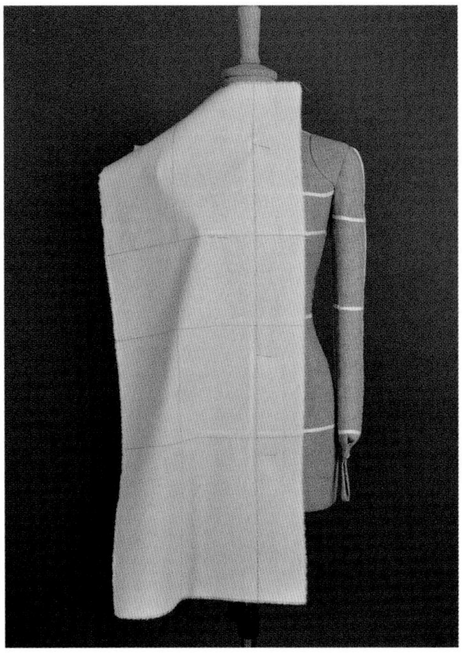

图 2-8

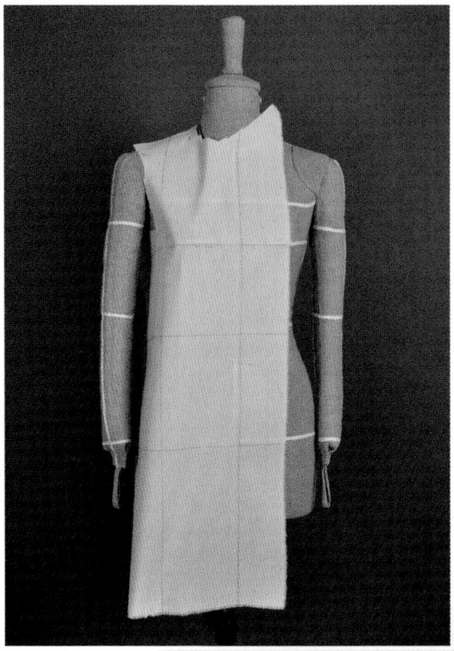

图 2-9

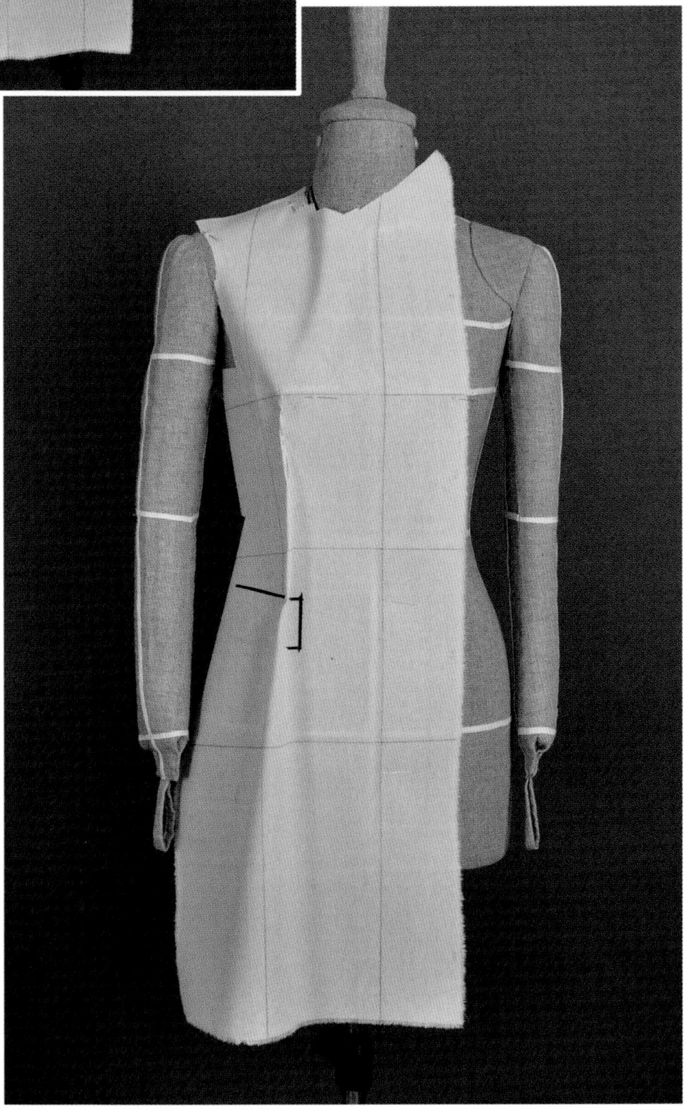

图 2-10

>> **图 2-8** 首先将备布的前中垂直、胸围线水平，左右胸点处固定于人台，前中腰节线向下 3cm 处别针固定，下摆在臀围线附近固定。胸点处适当放 0.4cm 左右的松量。

>> **图 2-9** 分配胸部的浮起量，一小部分给领口处预备领省，袖窿处无多余量，其余都转向腰省。

>> **图 2-10** 给前侧适当松量后，抚至平顺后稍收腰，参考侧片标记线腰节处打剪口，浮起量收作腰省，由前中向侧面贴出口袋位置。

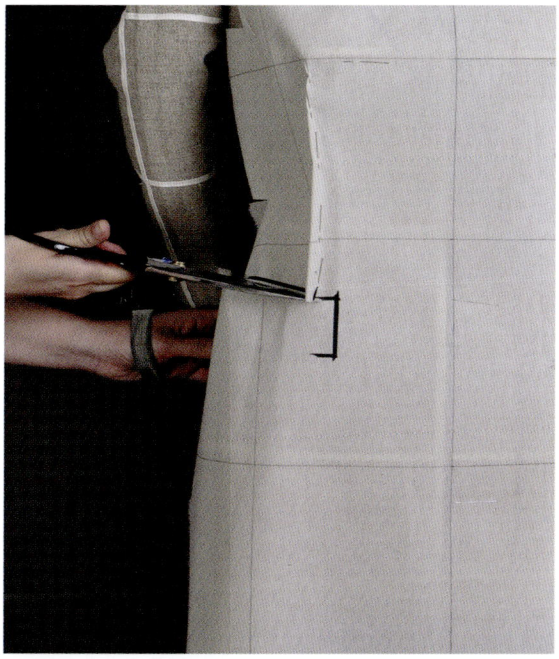

图 2-11

注意：立裁这种软雕塑的难点在于型、放松量、平衡感的综合把握，在本书中也常常称之为“控制”，此类款式的口袋位置只是衣服从收腰到放摆这个大轮廓当中，在较为舒适恰当位置横向开的一个口子，实践操作中常常出现由于观察不到位、操作不熟练而混淆兜口线和腰节线的情况，错误地造成兜口变成了腰节最细的位置，造成对整体轮廓的破坏。请注意腰节处才是收腰较细的位置，而兜口只是腰节、胯部及臀围整体造型当中的功能性细节。

>> 图 2-11 沿口袋贴线位置，剪开至腰省处，再将下摆布料展开。

>> 图 2-12 控制好裙身腰部到臀部的造型，注重平衡感并放出必要松量。

>> 图 2-13 肩线、领口上端、袖窿各留 2cm 布边，戗驳领止口变量大，布边留多一些，下摆留 4cm 布边。

图 2-12

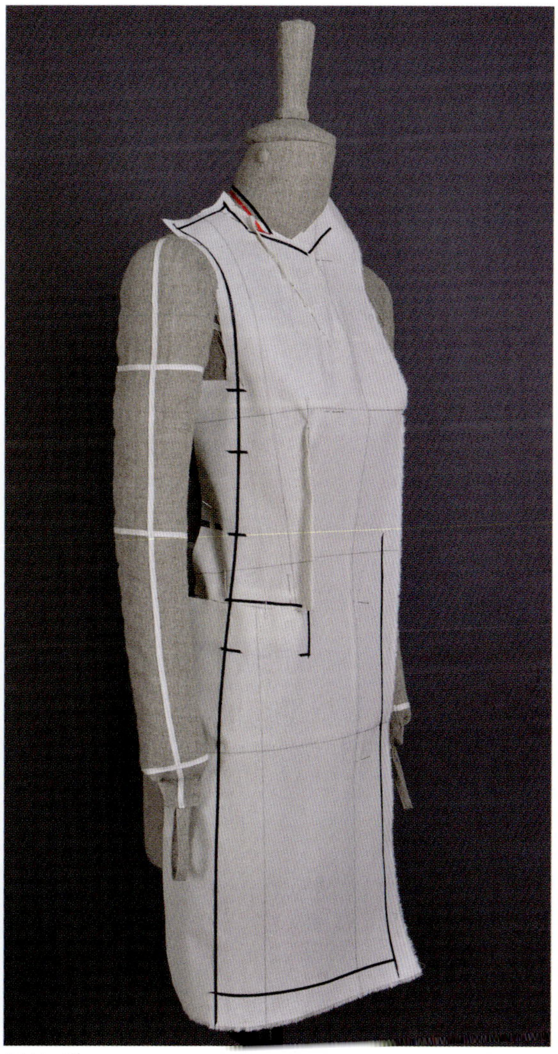

图 2-13

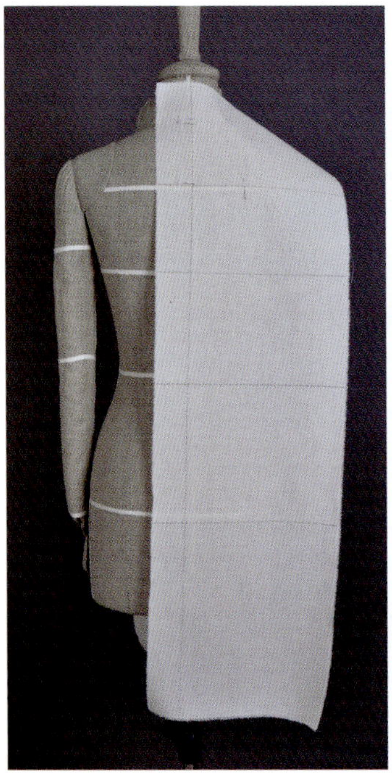

图 2-14

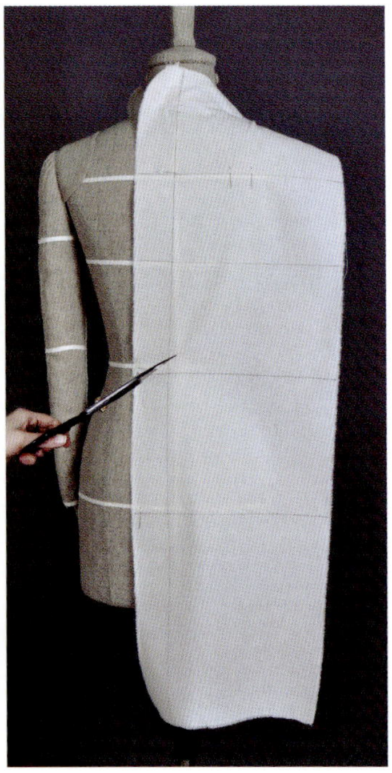

图 2-15

4. 制作后衣身

>> 图 2-14 后中领口至肩胛处，首先将后片备布由后中领口位置首先固定，肩胛骨线水平与人台对齐，其余布料向下抚平。

>> 图 2-15 由于此款式是修身且后中破缝的结构，可在后中线上设计腰省，立裁时由肩胛骨向下抚平布料时也会发现后中会收进一些省量，对准腰节标记线和后中垂直线的交叉点斜向打剪口，注意人台和面料之间的空间量，也就是腰部的松量。

>> 图 2-16 贴出后领口弧线，小肩线向下顺势贴出后侧破缝线。

>> 图 2-17 这是后片组装后的效果，空间量平衡且无斜绺。

图 2-16

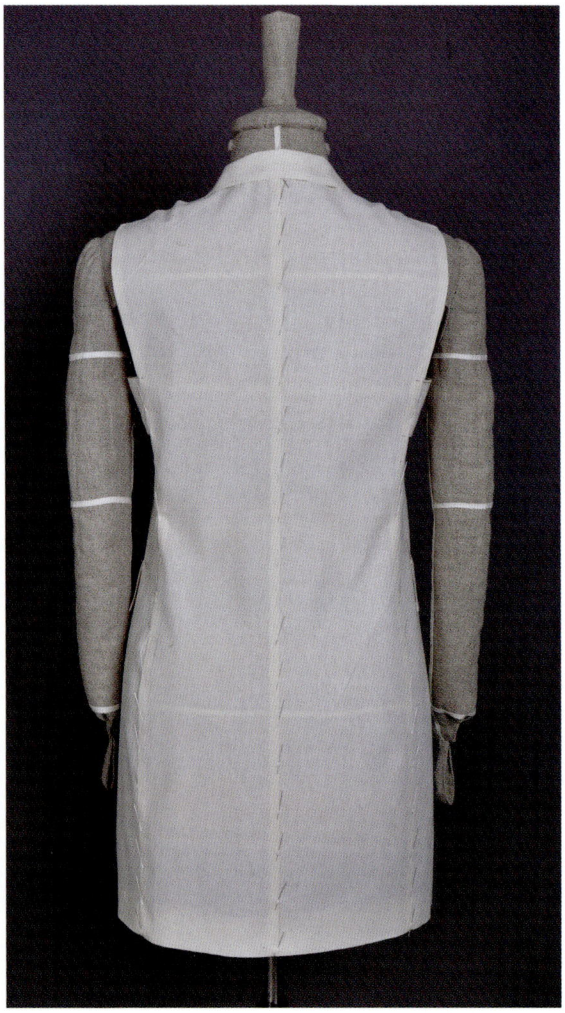

图 2-17

5. 制作侧衣身

>> 图 2-18 立裁侧面镂空小片，确认好位置后将备布中线垂直放置腋下，放适当松量四角逐个固定。

>> 图 2-19 立裁侧片同样将备布中线垂直放置，留出适当松量，在腰节线、臀围线等处首先别针固定，确保纱向丝缕平衡后，将细节别好，然后将下摆衣长贴线补充完整。整体检验时，除前后中固定的针、各片与细节连接的针不动，把其余固定松量以及平衡的针都摘下，观察平衡状态以及空间量设计是否合理，再进行修正。

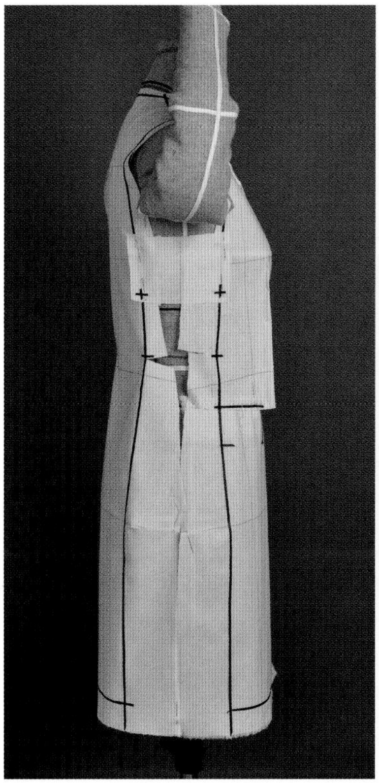

图 2-18

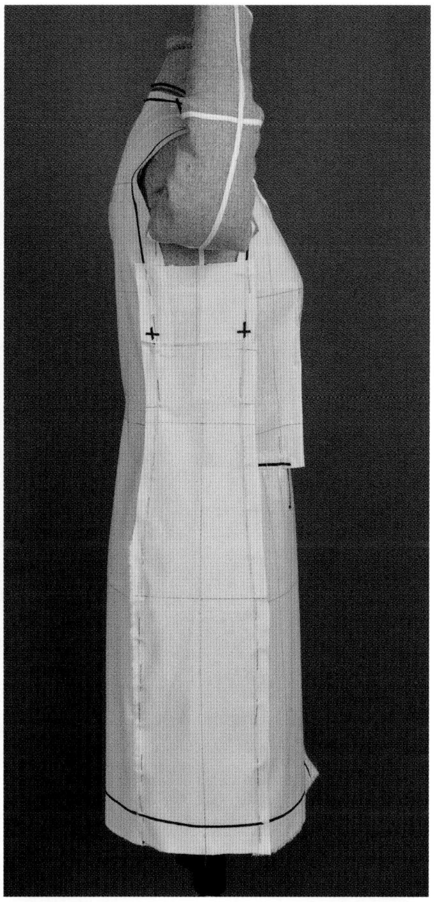

图 2-19

6. 制作领子

图 2-20

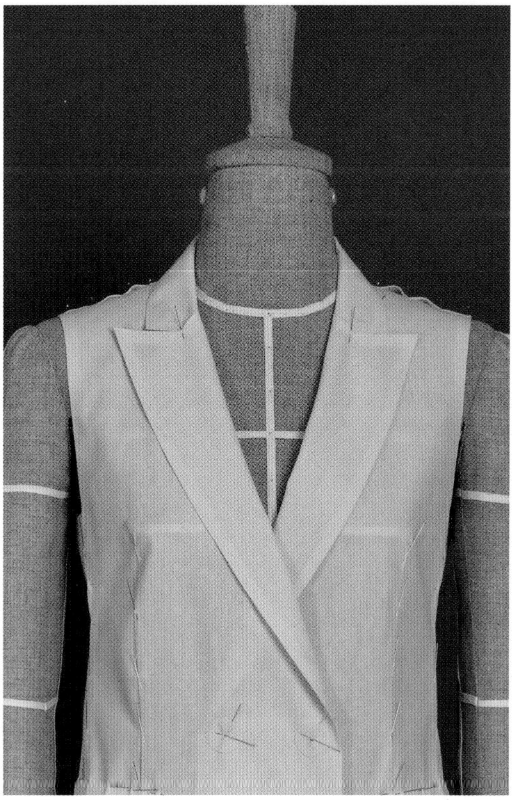

图 2-21

>> 图 2-20 将领子备布垂直对齐人台后中，衣身领围线与备布水平先别针 2cm 左右，对齐重合，领由后中逐渐转向侧面、前面，领底别针点开始逐渐转向备布水平线的下方。

>> 图 2-21 对照领子完成后的细节照片。

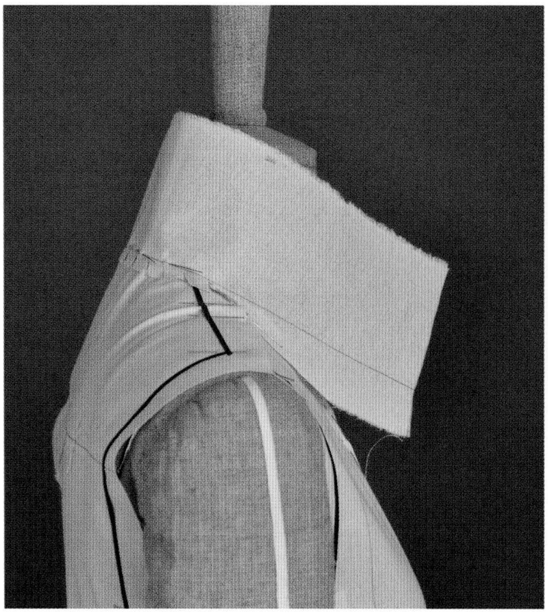
图 2-22

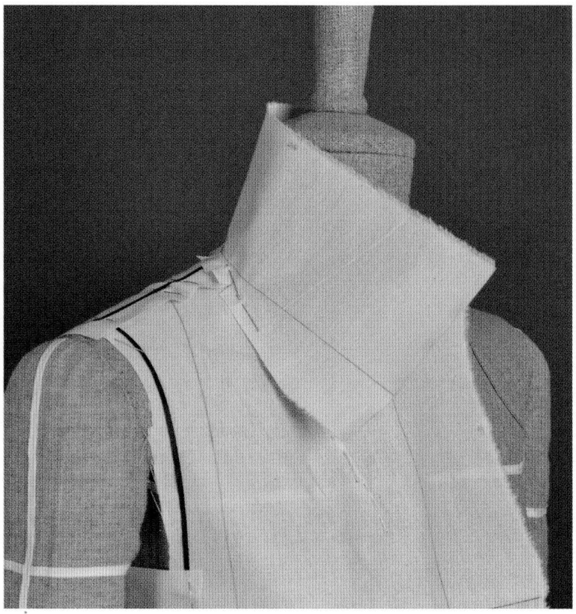
图 2-23

>> **图 2-22** 过颈侧点后，领座位置与人体颈部角度更加吻合且平整地旋转过来，注意领与衣身侧面结合点也就是上领线，开始逐渐从水平的基础线下落了。

>> **图 2-23** 转向前侧，开始接近与领结合的转角位置（这个位置在服装术语中称之为串口线），需要将领子翻过来反复观察，调整外形美感。

>> **图 2-24** 领座高度 3cm，外翻部分的高度 4cm，翻出高度要掩盖好领座底边。

>> **图 2-25** 将领边缘多余布料向上翻折，要确保领子从后转向侧、前都是圆顺的弧，旋转后没有吃紧或发空的现象。

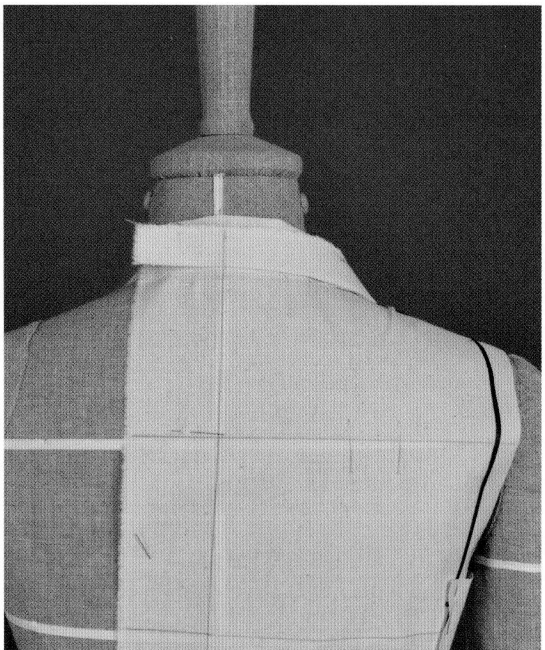
图 2-24

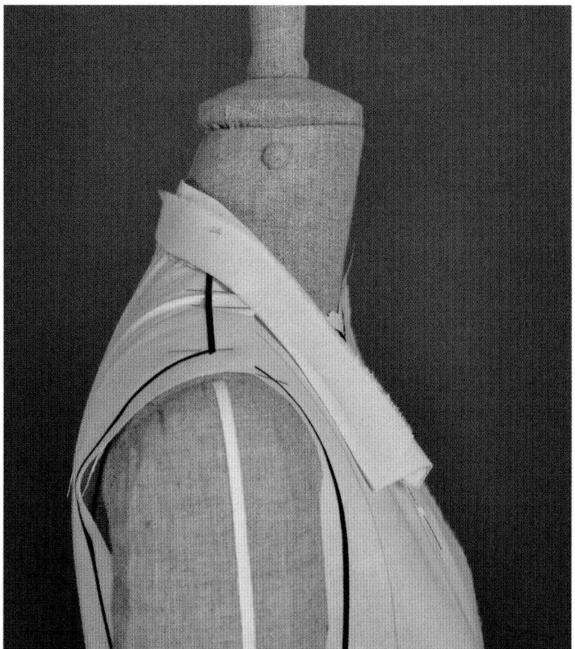
图 2-25

图 2-26

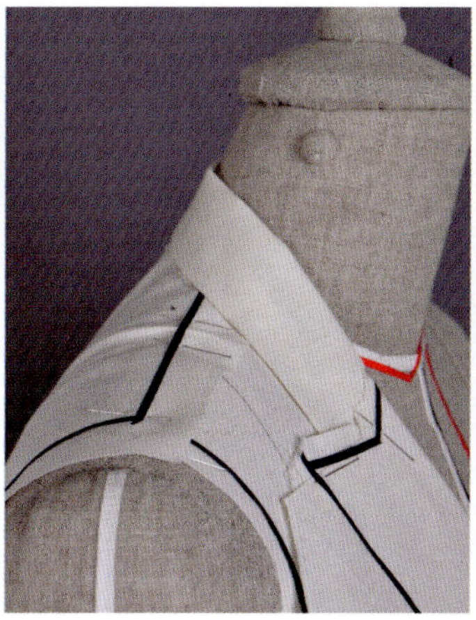
图 2-27

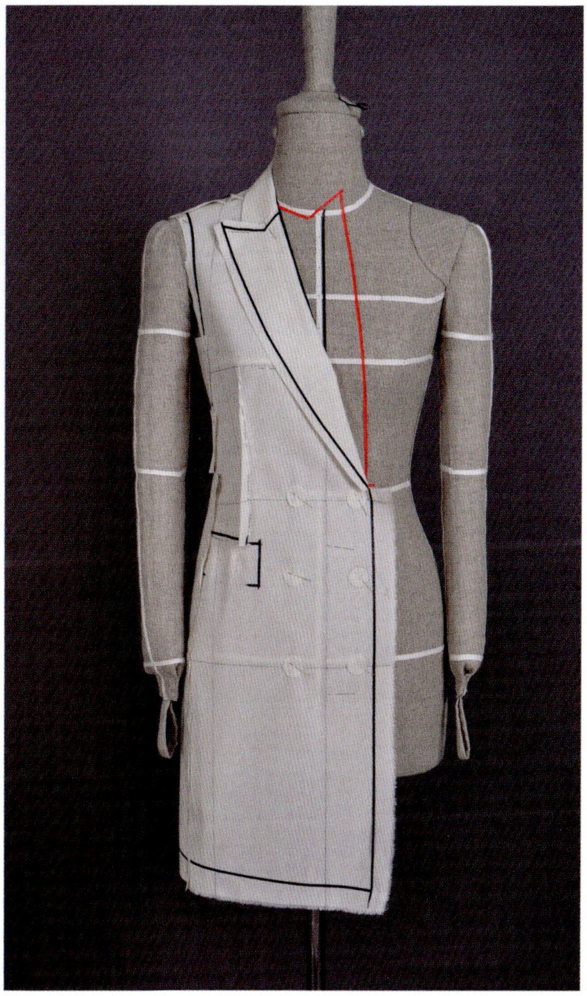
图 2-28

>> **图 2-26** 领转折到串口线与戗驳领预设的翻折线位置连顺。领外口再次确保领外缘圆顺扣向衣身。原来指向胸点的浮起量需稍作调整，移动到距离翻折线 2cm 左右的位置。

>> **图 2-27** 驳领与领圆顺连接在串口线位置，等量平顺别针固定，修剪多余缝份。

>> **图 2-28** 整体观察领子与衣身的协调感。由后到前翻折线线条流畅，领造型线条气质要和整件服装融为一体。

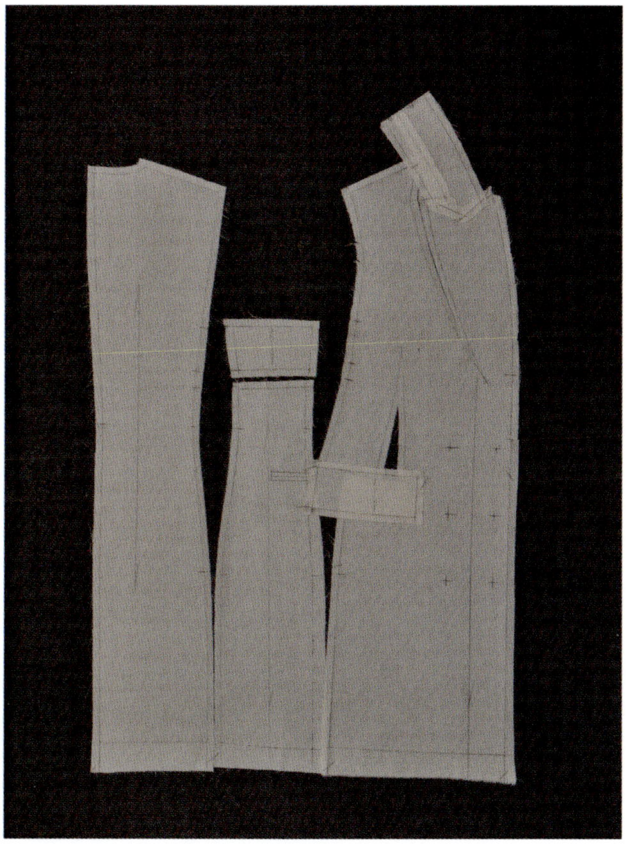
图 2-29

7. 绘制布版

>> **图 2-29** 将标记连线画顺，按照纱向摆放，核对各缝合线，标注扣位、省位、兜位。将三围、衣长、肩宽这些尺寸记录下来留档。

第 3 款

图 3-1

创意连衣裙

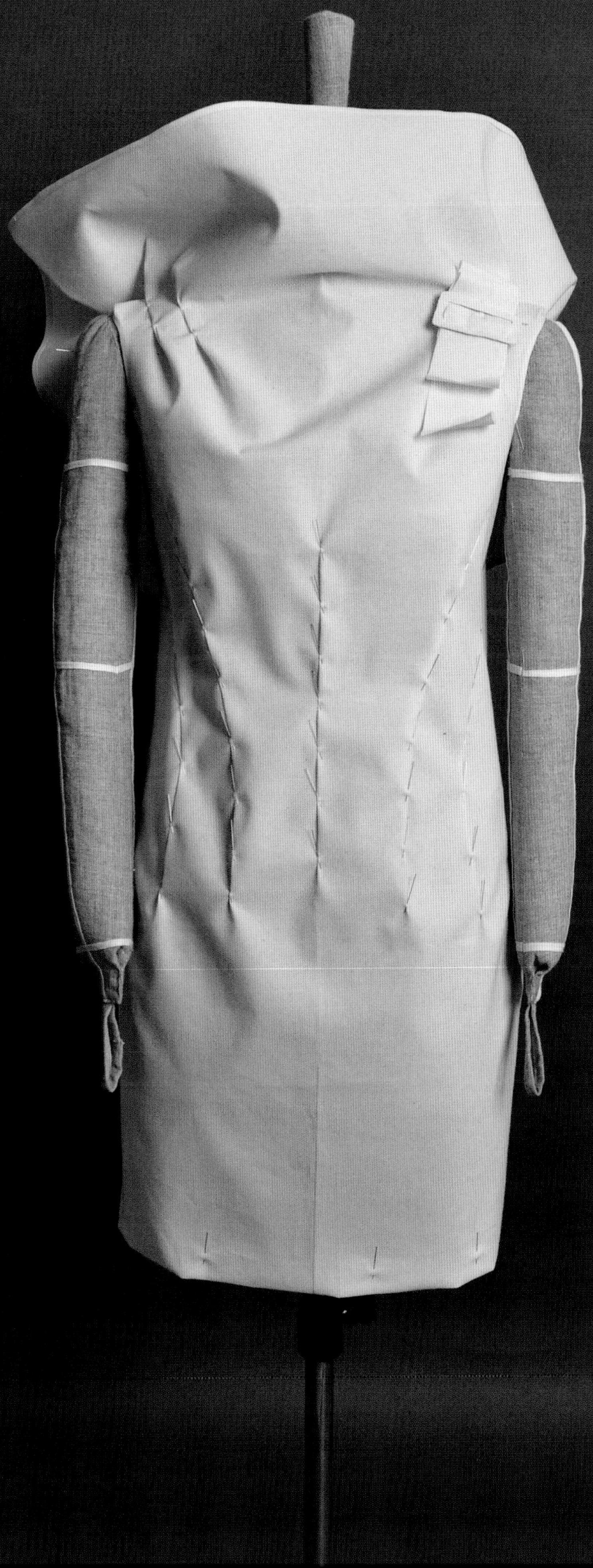

图 3-2

图 3-3

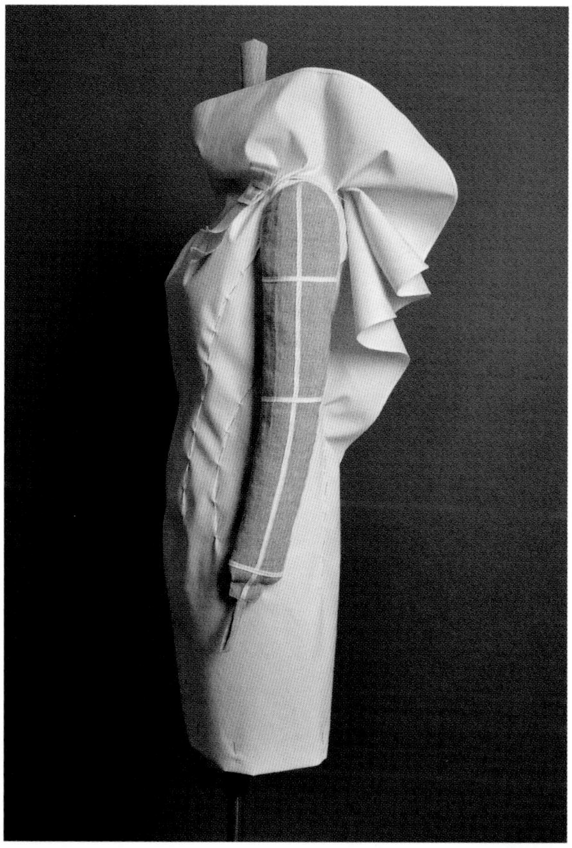

图 3-4

（一）款式分析

此款连衣裙最有创意的部分是除后背三角形衣身布料外，其余前片、侧片、下摆，以及领均为一片布料立裁而成，层叠丰富的波浪领设计感十足，充分体现出立裁结构塑造的优势，检验制作者的审美和立裁功底（图 3-1 ~ 图 3-4）。

（二）操作步骤

1. 备布（图 3-5）

单位：cm

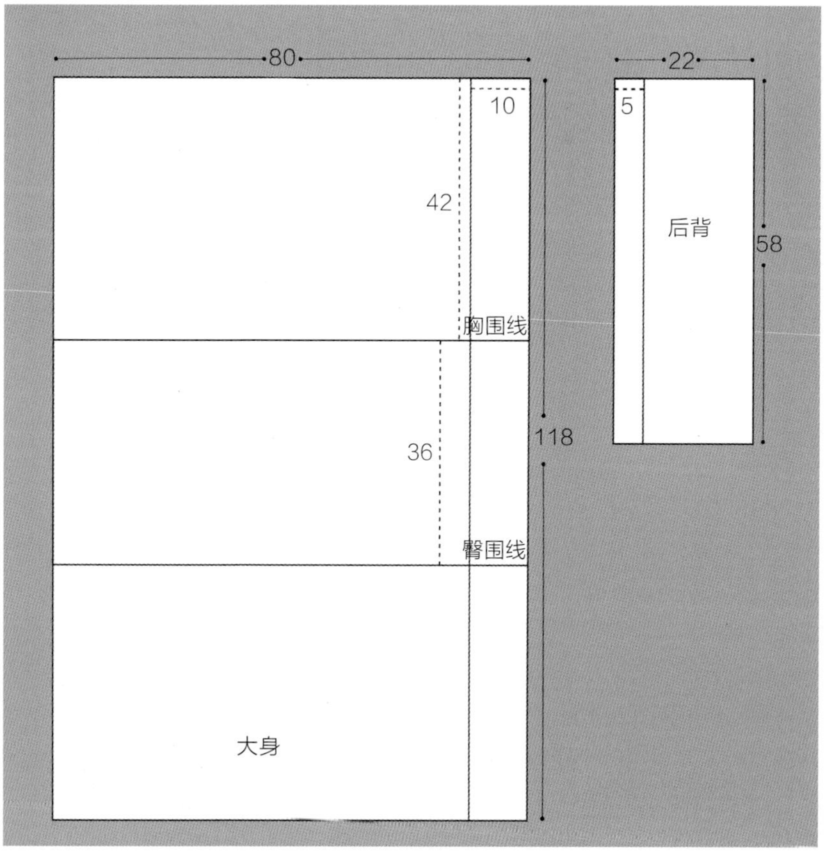

图 3-5

2. 贴人台标记线

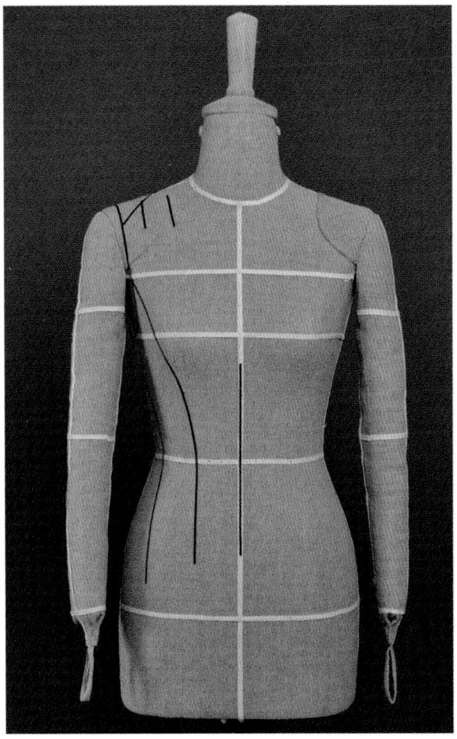
图 3-6

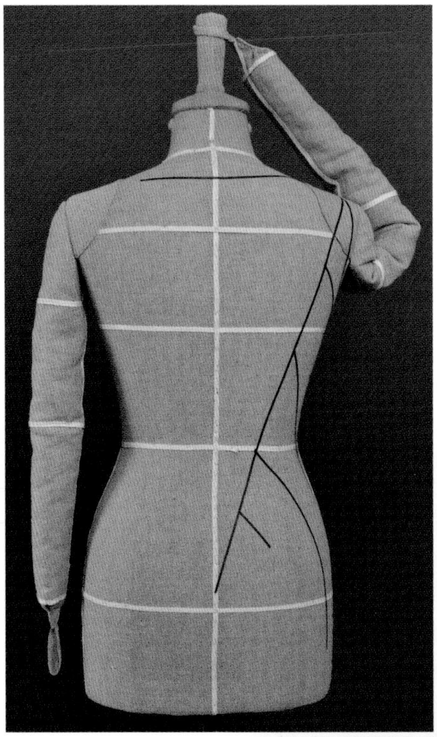
图 3-7

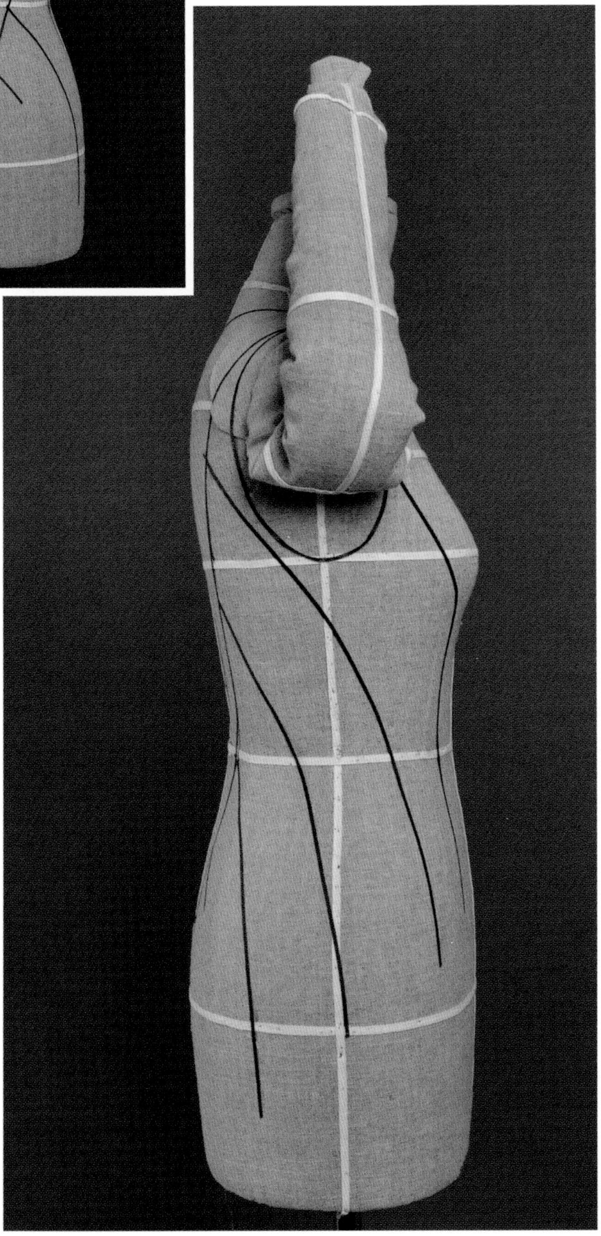
图 3-8

>> 图 3-6 规划领根两侧褶皱的位置，需与整体节奏协调，前中首先设计一个腰省，量不宜大，且较短。

>> 图 3-7 后领口一字打开，后片三角形结构设计拉链至臀围处，几条省分割线间距均匀，抵达后背三角。

>> 图 3-8 侧面观察几条分割线分布是否均匀流畅，消失点前高后低，渐进展开。

注意：标记线是对于预先设计的结构和细节的初步落实，但在创意服装立裁中，首次制作往往是摸索结构的各种可行性，经过了初期的设计和思考就可以大胆地对细节进行规划了。立裁全面展开后，之前的标记线就相当于素描当中的勾画大形或草稿，完全可以在立裁过程中更科学、更完善地进行调整、修改或者直接推翻，没有什么是必须怎样做的，因为手中的布更会表达。

3. 制作后衣身

图 3-9

图 3-10

>> **图 3-9** 后中领口至肩胛处，首先将后片备布由后中领口位置固定，肩胛骨线水平与人台对齐，其余布料向下抚平。

>> **图 3-10** 稍收腰后中破缝结构，可在后中线上设计腰省，对准腰节标记线和后中垂直线的交叉点斜向打剪口，注意人台和面料之间的空间量，也就是腰部的松量。

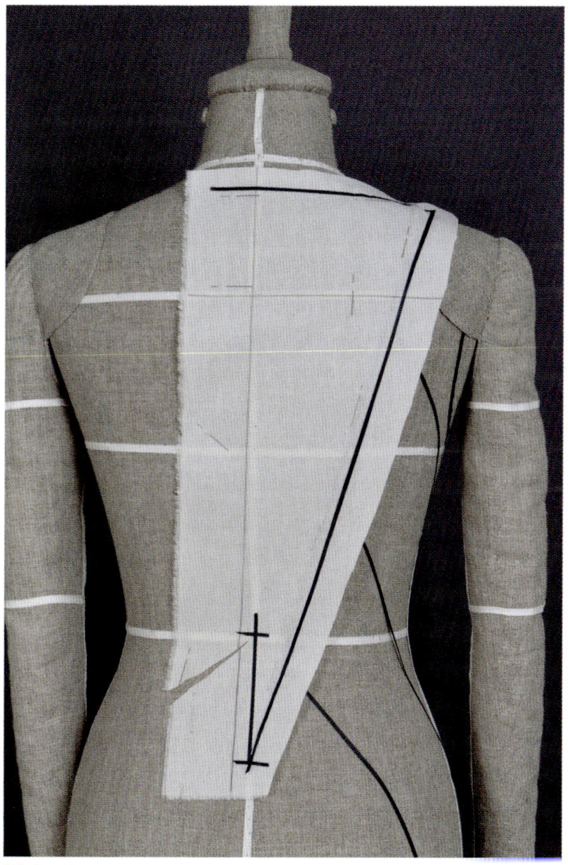

图 3-11

图 3-12

>> **图 3-11** 贴出后领口弧线以及后背三角形位置。

>> **图 3-12** 这时俯视观察，肩膀处可向前片借进去一些，以便领子的大褶可以更好地固定在这里，修剪多余布料，布边留 2cm 左右。

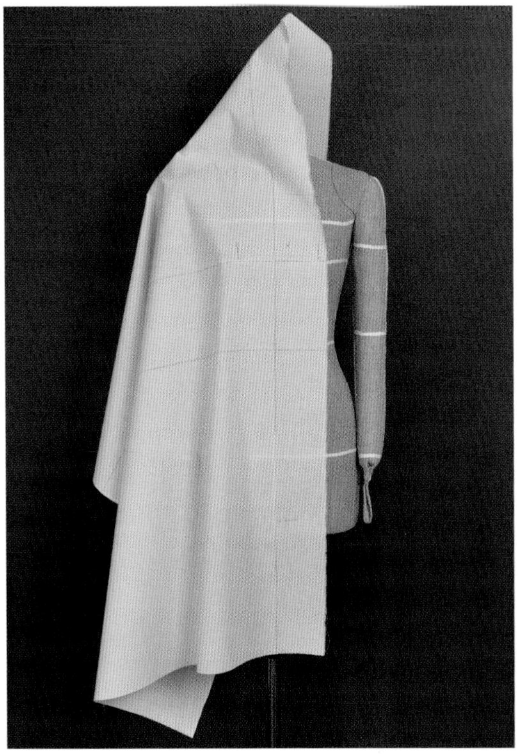

图 3-13

4. 制作前衣身

>> 图 3-13 将前中垂直，胸围水平对齐人台左右胸点固定，领口固定、腹部臀围线固定。立裁此类合体连衣裙过程中要时常关注下摆中线是否对齐前中线，最好在下摆中线处别一针固定。

>> 图 3-14 胸围处留出松量 0.5cm 左右，前中腰部先捏出腰省，胸点、胸侧留出松量，腋下别针固定。

>> 图 3-15 领部最需要褶量和容量，需要大量地预留出来，找出设计的分割线位置。留出少量布边修剪，胸部面料向侧面转动，适当收腰，臀围较合体。

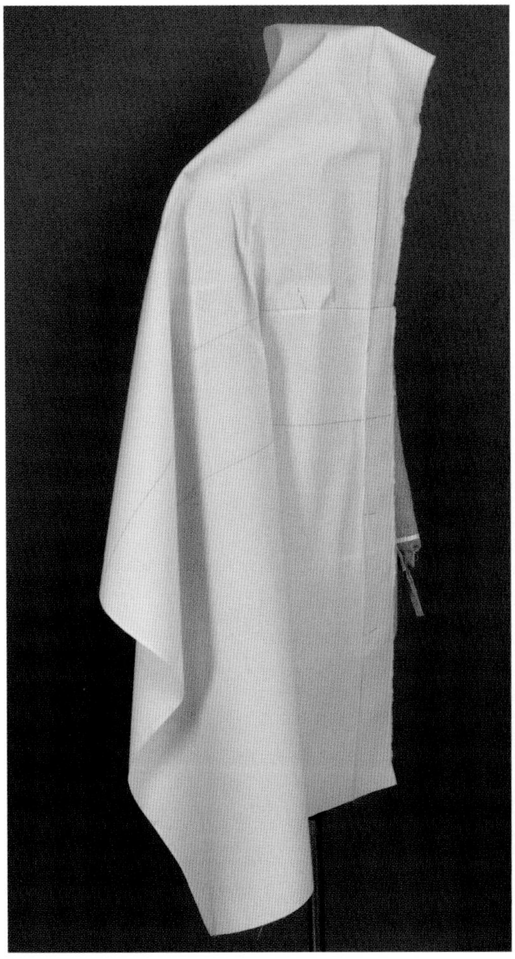

图 3-14

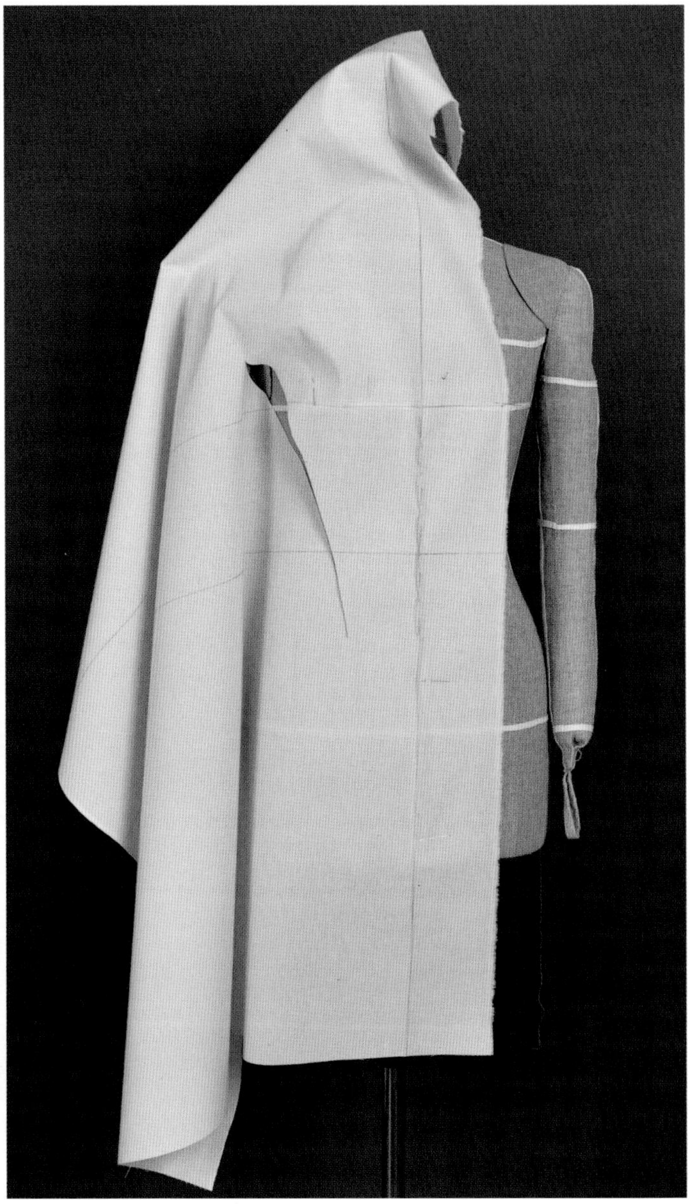

图 3-15

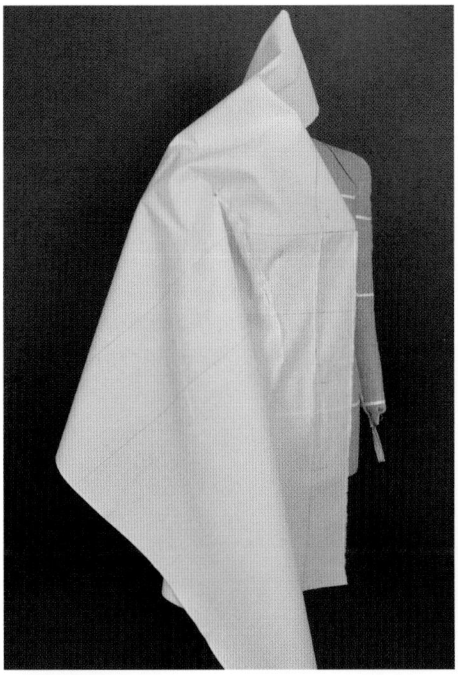
图 3-16

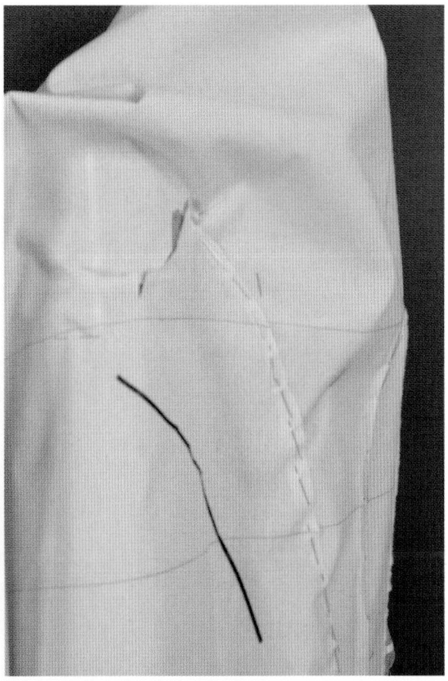
图 3-17

>> **图 3-16** 破开第一条缝后，注意下摆开始收量，接着一边塑造侧面裙身，一边顺势收省。

>> **图 3-17** 开始修剪第二条破缝线之前先将袖窿底弧线修剪一段，让人台手臂可以伸出。

>> **图 3-18** 将手臂取出来后，将布料沿腋下和后袖窿的趋势剪开。

>> **图 3-19** 修剪出第二条分割线，同样要求造型准确，线条流畅。

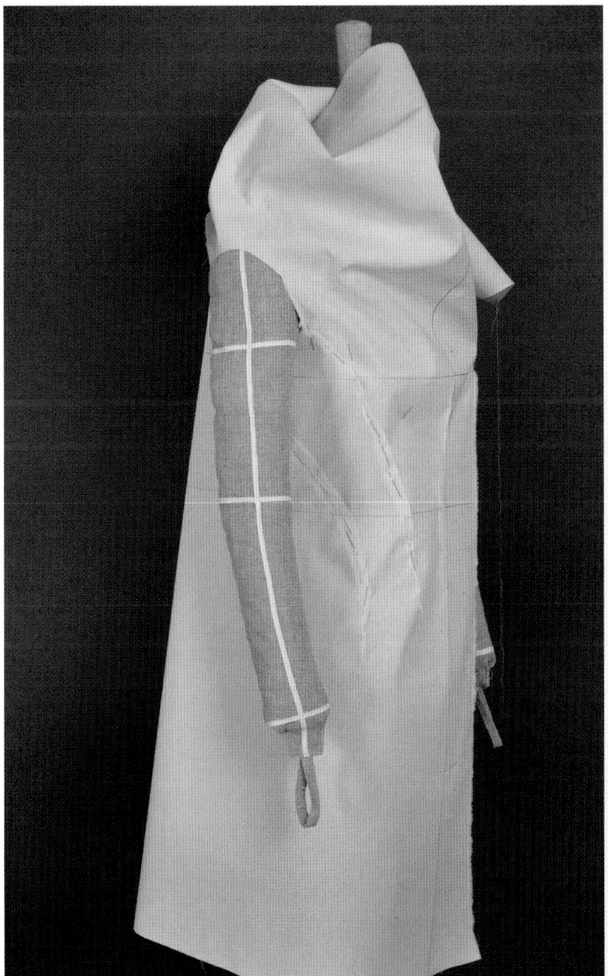
图 3-18

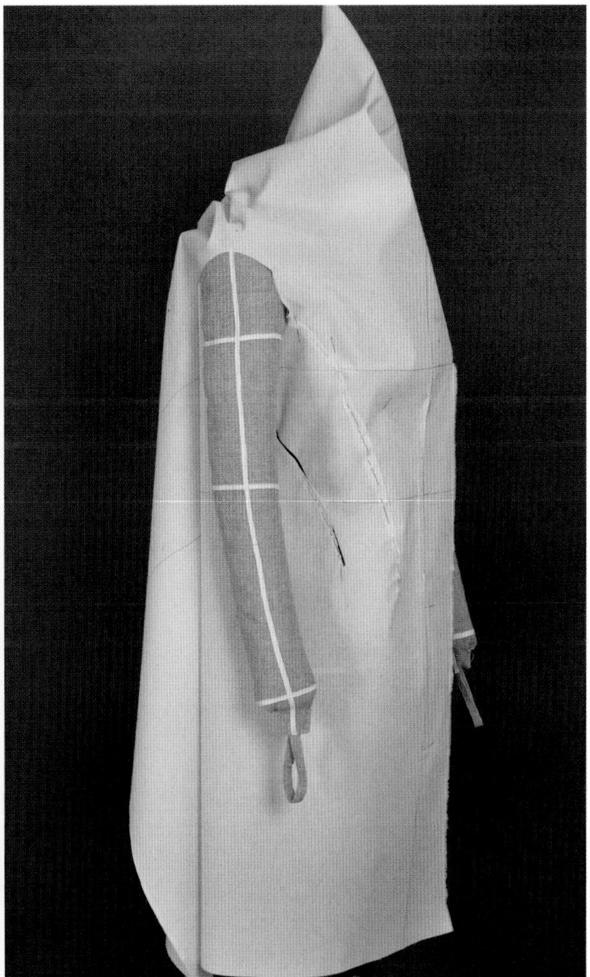
图 3-19

4. 制作后衣身

图 3-20

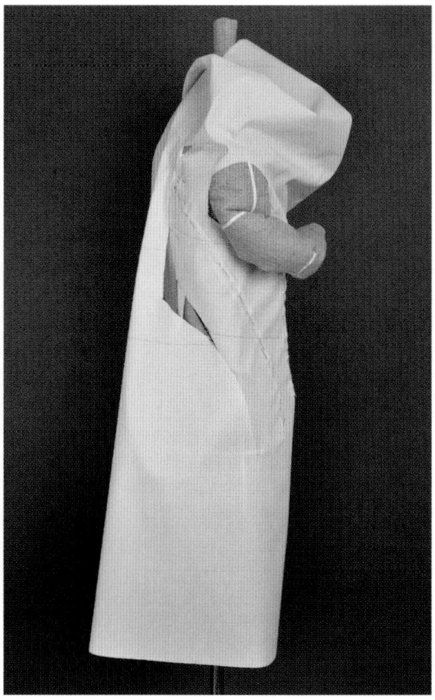
图 3-21

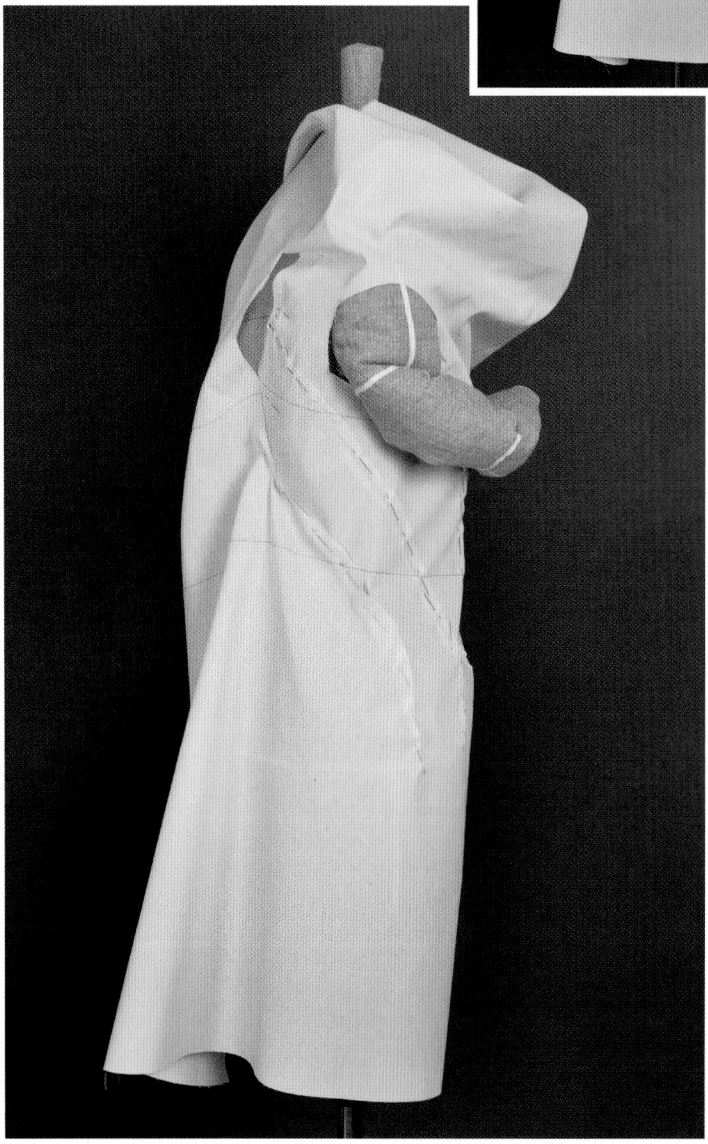
图 3-22

>> **图 3-20** 第二条分割线从前中到前侧再延伸至后侧、后中，是几条分割线当中最长的，经过的面最多，空间量和平衡感最难把握，尤其注意袖窿处不要裁剪得过高，容易造成距离袖窿太近不好处理。

>> **图 3-21** 开始剪第三条分割线，观察裙摆，继续塑造包裙造型，需提起下摆的布料向第三条分割线重叠，得到一个腰省，别针固定时由于后臀肌肉较发达，臀围处省线固定会有吃量，需调整到不超过 0.4cm 为佳。

>> **图 3-22** 做第四条分割线，由于坐蹲动作的影响，前腰围变化幅度大，所以收省较少，后片腰部行动时变化幅度不大，所以收腰可以略大。逐步塑造平衡舒展的裙轮廓是非常重要的前提，所以，即使是在做分割、做省，却更需要先关注臀围以下的裙身，确保一直呈现包裙的形状，然后才能得到准确的腰部、胸部形态和省量。

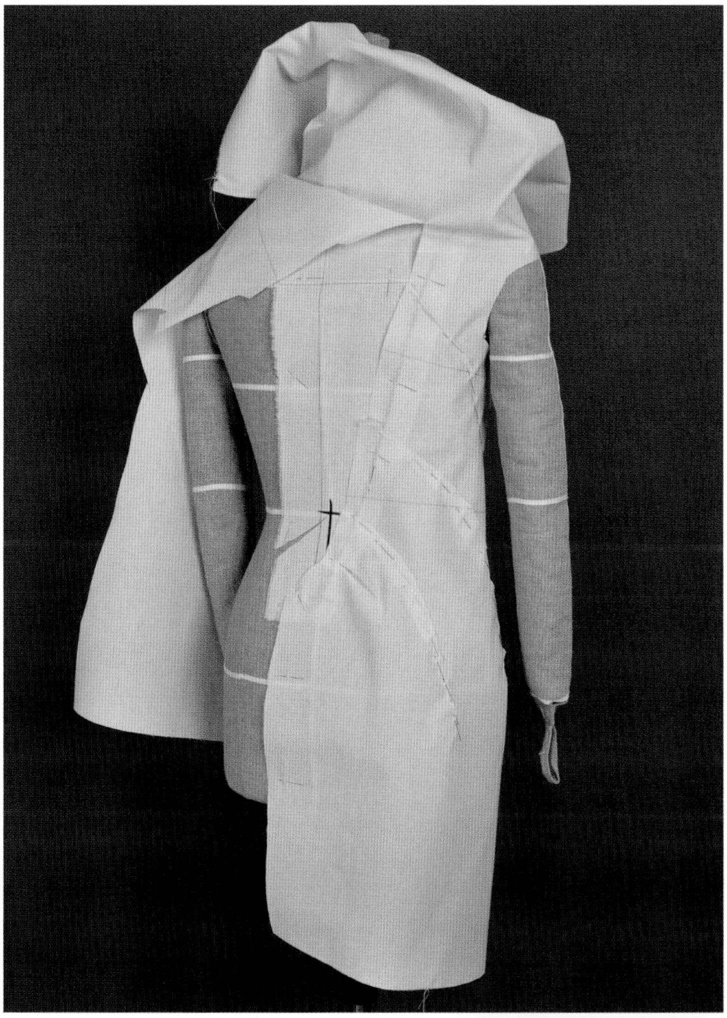

图 3-23

5. 制作波浪领

注意：对于立裁这种三维塑造手段，保持线条流畅、空间量均衡几乎是不变的法则。立裁看似是不断操作细节局部，实则更像建造工艺似的一步步精确组成一个大形，这个形就是轮廓，轮廓就是房子，细节、局部、结构，面料就是门、窗、和泥土。而服装终究不像建筑般坚硬冷静，容积方正。大多数服装包围人体又留有余量，而余量不仅仅因为呼吸放松，也因为行动牵引，所以常有多有少，有侧有重。

>> **图 3-23** 现在已将领的备布和衣身正式剪开，因为要预备叠褶以及未来领部的缝份，还要小心修剪衣身，布边不宜多留。

>> **图 3-24** 前片领口叠褶使两端肩点位置紧凑没有过多的余量。把装饰的丝带小襻装上，确定最佳位置。

>> **图 3-25** 将肩部所有浮起量分配在肩膀做成两只省对在颈侧处帮助面料形成向上堆积立体的波浪效果。

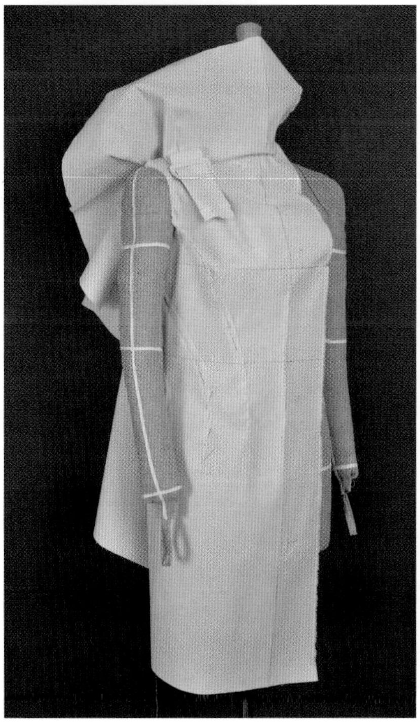

图 3-24

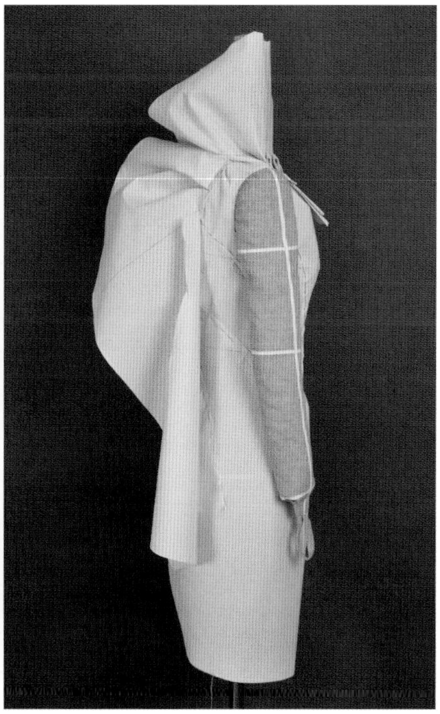

图 3-25

图 3-26

图 3-27

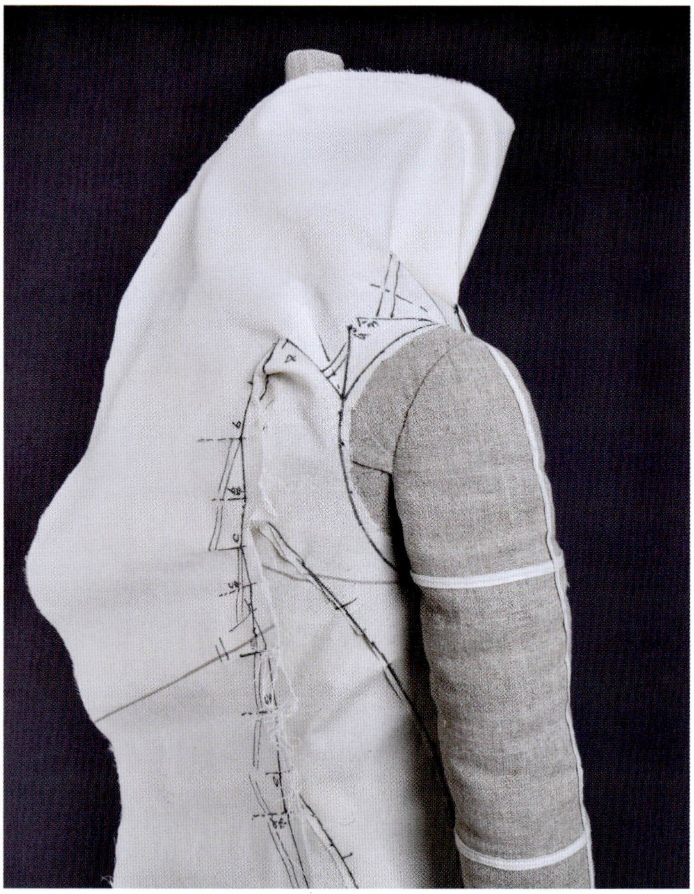

图 3-28

>> **图 3-26** 将波浪领的布边再次整理一下，全部向侧面倒，这样更便于做标记。

>> **图 3-27** 这是后片叠褶后的效果，褶皱最终呈现的状态和叠褶大小、方向都有直接关系，需要多花时间思考和调整。

>> **图 3-28** 给波浪领的褶皱做标记：a. 首先标记好与三角形后背衣身分割线位置吻合的直线；b. 简洁单一的褶皱边缘标记明确的线条；c. 用斜线标明褶皱的倒向；d. 几个褶皱重叠的情况下首先标记最外面的褶皱，然后依次打开标记里面的，将每一个褶皱的两端用不同的数字或符号标记，以此类推；e. 给衣身做标记，线条上下两层务必吻合，由于有拔开或吃量，所以谨慎地每隔 20cm 做一个对位记号，以备组装还原；f. 确认好肩宽位置，将袖窿画顺标记。

图 3-29

>> 图 3-29 组装好的细节照片，别针由边缘 0.1cm 斜刺 30° 角刺入 0.5cm，出来 0.6cm，每颗针针距 3 ~ 4cm。

>> 图 3-30 后身三角形拓版。

>> 图 3-31 衣身拓版：a. 连顺所有记号点；b. 核对每条分割线的长度，把归拢的位置标示出来。

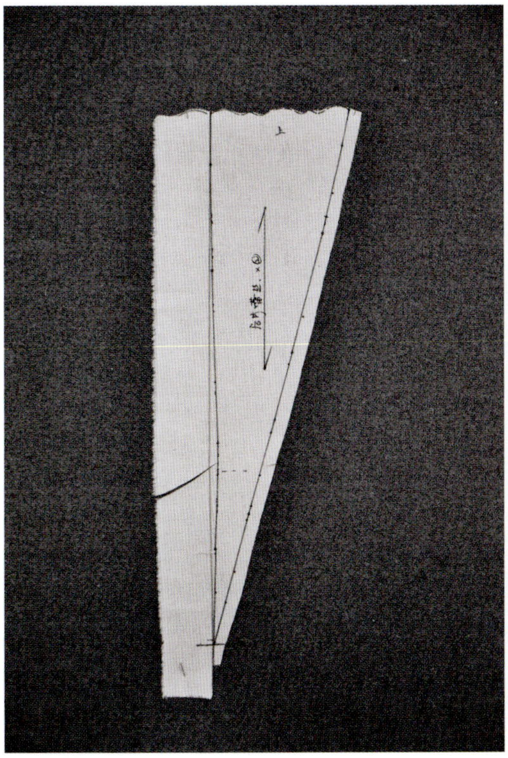

图 3-30

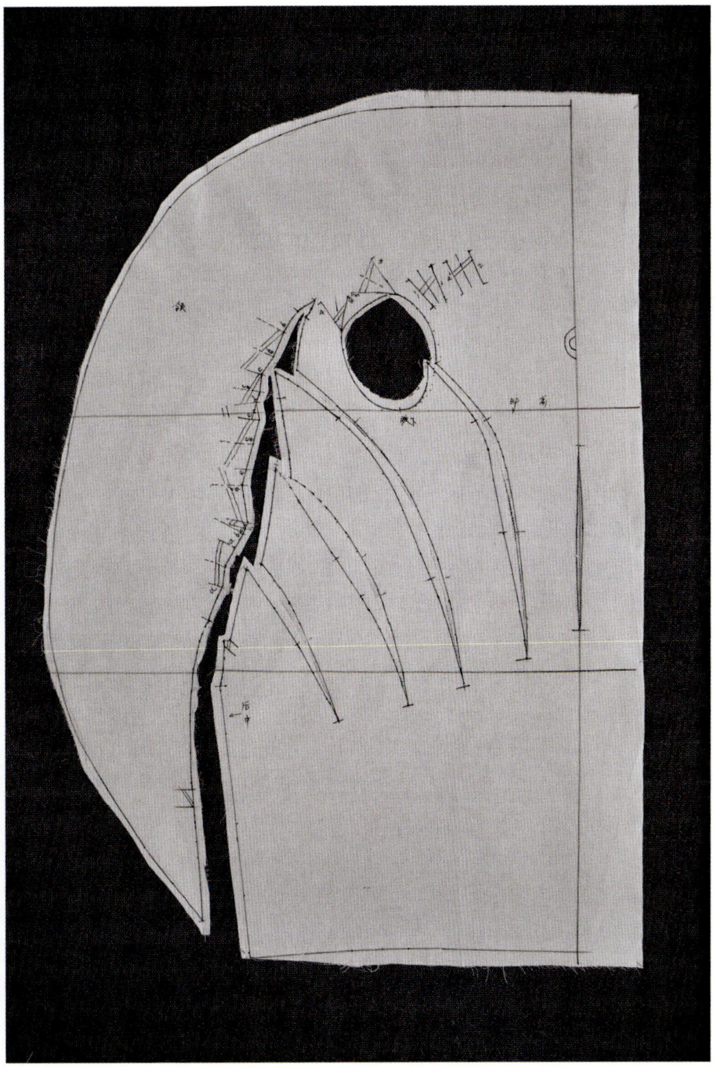

图 3-31

第 4 款

图 4-1

浅弧领夹克

图4-2

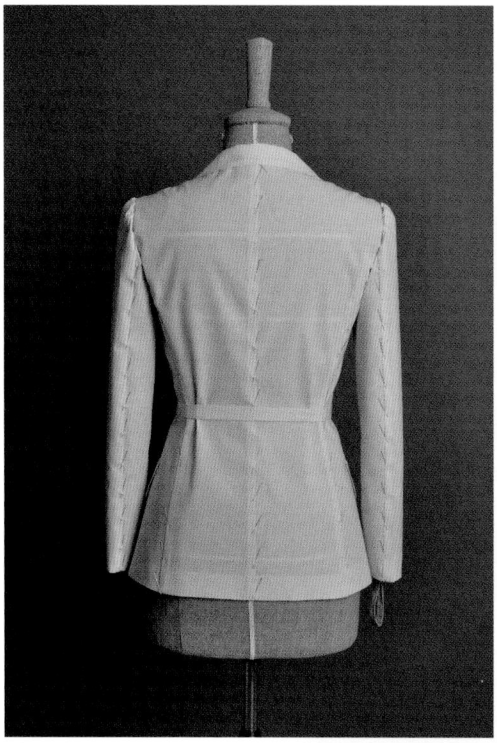

图 4-3

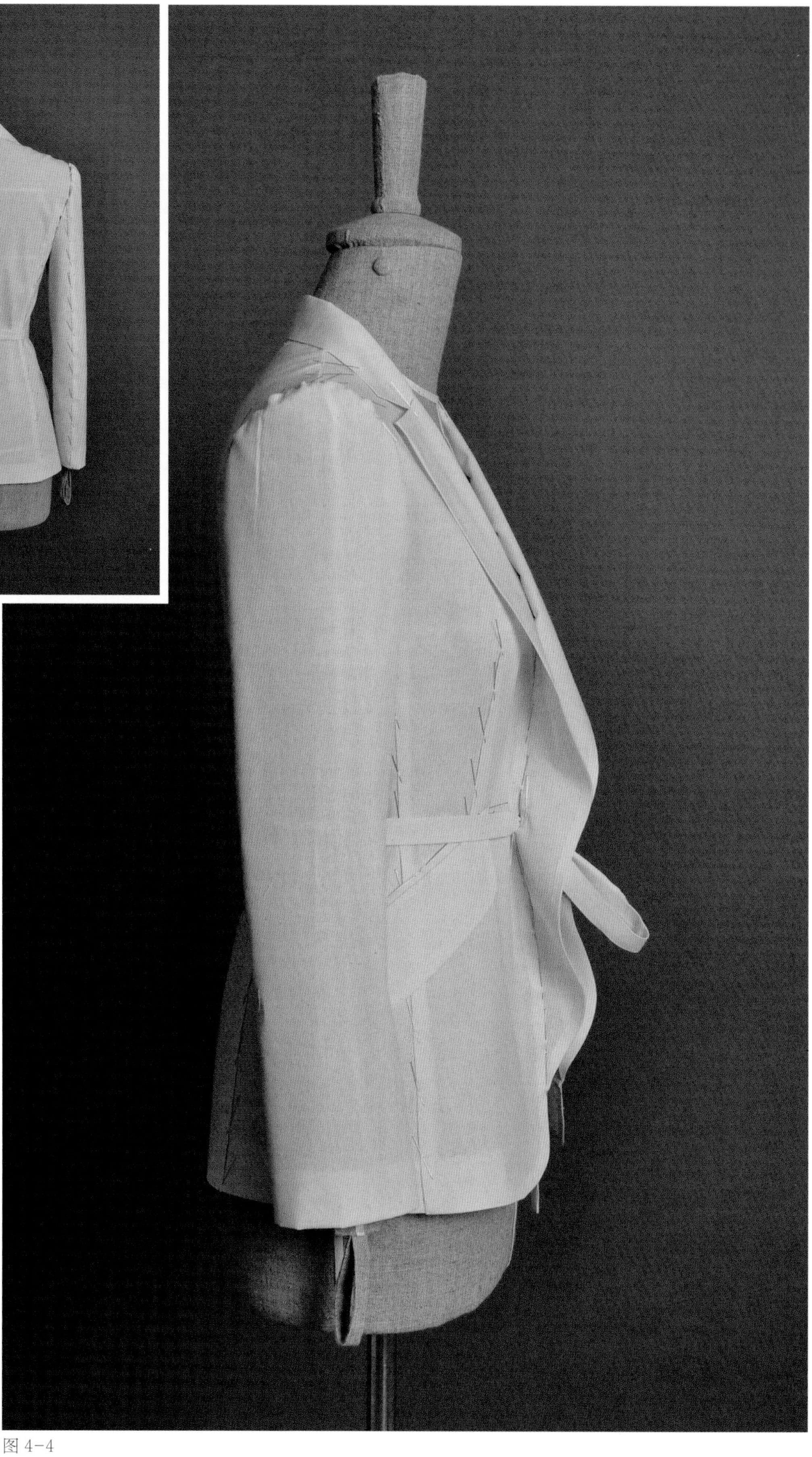

图 4-4

（一）款式分析

这是一款独特领形结构的西服夹克，驳领在胸围线之上的部分，和普通西服领几乎没有区别，而与衣身的连接线在翻折线内，驳领过胸点后开始转弯形成浅浅的弧，再以腰带束起系蝴蝶结装饰。衣身和袖型都属于比较经典的形式，略微收腰，稍放下摆，袋盖倾斜角度柔美，更契合领部弧线，袖立裁稍有弯势（图 4-1 ~图 4-5）。

图 4-5

（二）操作步骤

1. 备布（图 4-6）

单位：cm

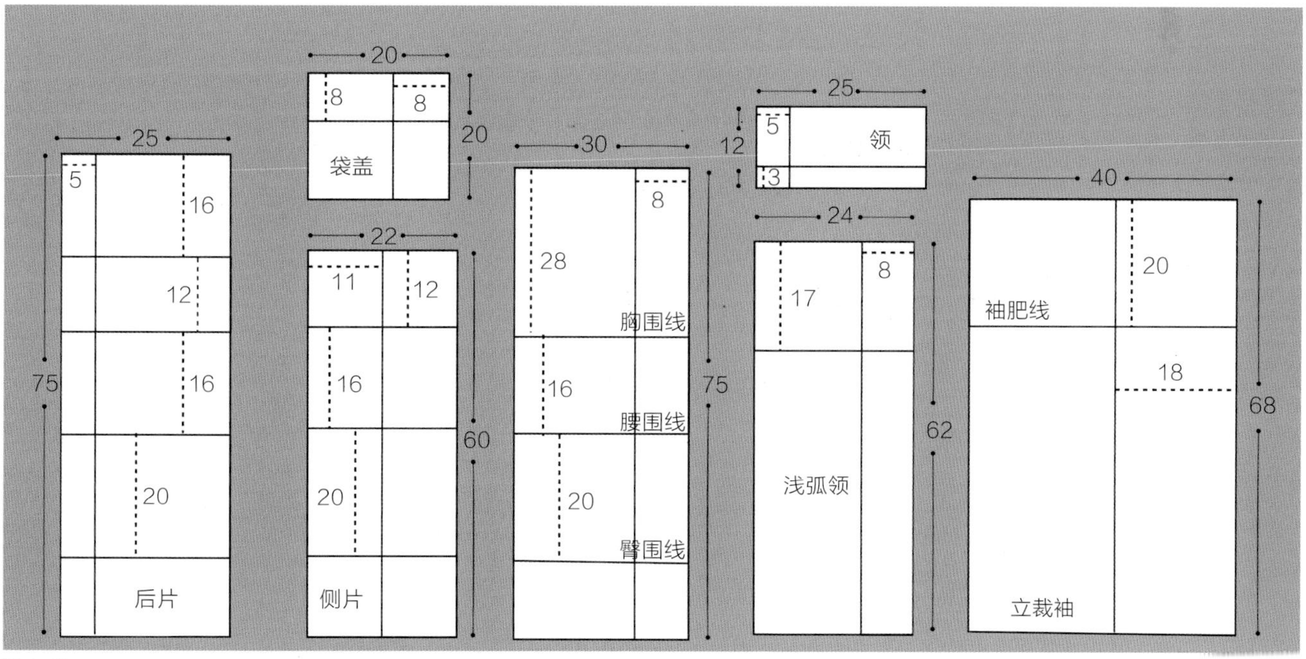

图 4-6

2. 贴人台标记线

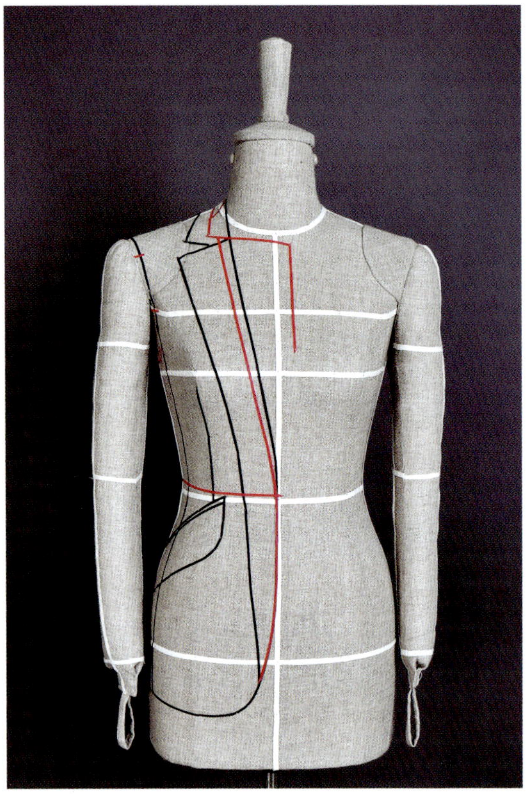

图 4-7

>> 图 4-7 设计好衣长位置及领型、省位、口袋等主要造型线位置。红色线条是西装领口、领省，以及腰节抬高位置。在立裁的制作过程中注意成衣结构的合理性，要多角度观察。

>> 图 4-8 袖窿底位置距离胸围线 1cm，两边弧线画顺，腰部红色线条是实际腰部最细处，后高前低，下摆线也具有同样的特点。

>> 图 4-9 后背侧面分割位置协调感很重要，起点由袖窿弧线下约 1/3 处腋点开始至后腰节，约 1/3 处位置顺至下摆即可，前后腋点要进行标记。

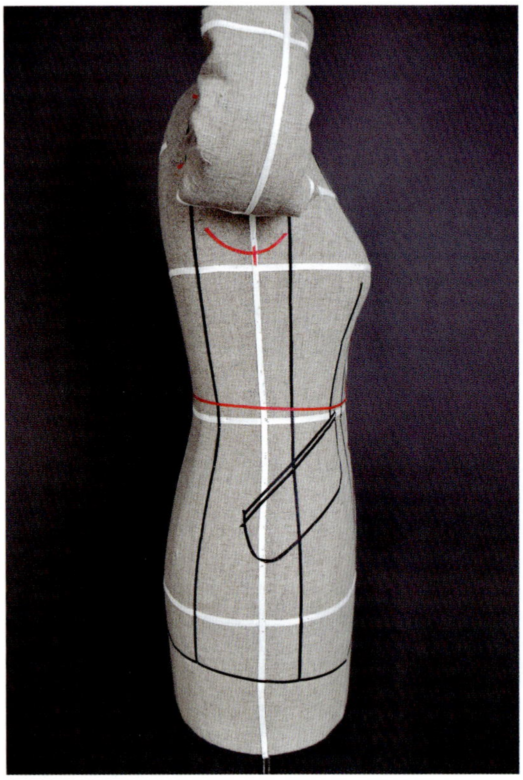

图 4-8

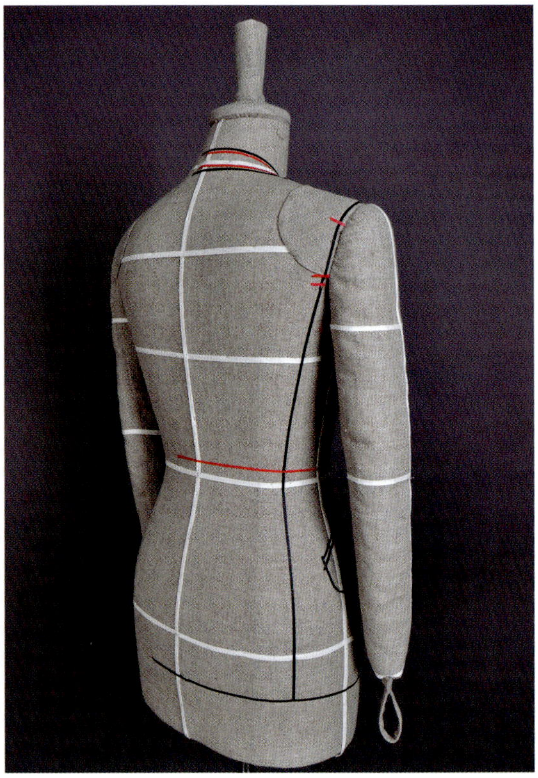

图 4-9

3. 制作前衣身

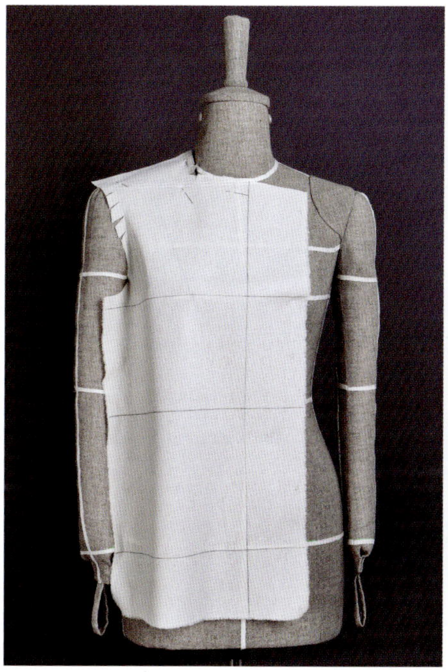

图 4-10

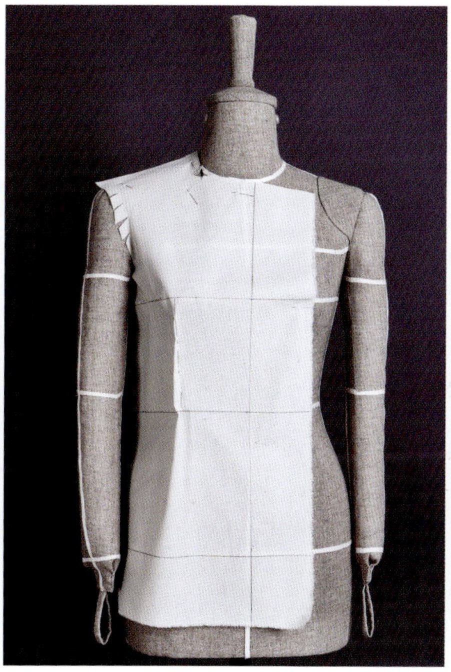

图 4-11

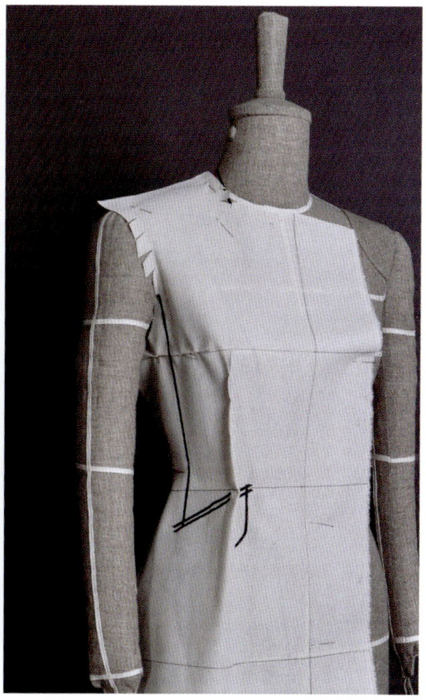

图 4-12

>> 图 4-10 先将备布前中垂直胸围线水平在人台上固定，无搭门量，前片在中线处对合，臀围线固定，前腋点处固定，将一部分胸周浮起量转移前中，原来垂直的中线会因转移浮起量而向人台左边倾斜。

>> 图 4-11 固定颈侧、肩端，修剪多余的布料，留出 2 ~ 3cm 布边。前胸宽留出合乎夹克风格的适当松量。塑造前中、前侧、腰部，以人台胸点向下按照设计的前腰省别针定位。领口开宽 0.5cm。

>> 图 4-12 将胸周浮起量少量留在前腋的胸围线上下作为吃量，一般最多不超过 0.3cm。有些质地紧实的面料不适合在此位置放浮起量，要根据实际情况选择结构和工艺处理方式。

>> 图 4-13 腰省确定后将袋口位置设计好，贴标记线，顺贴线斜度剪出袋口，塑造前片下摆，别针固定。

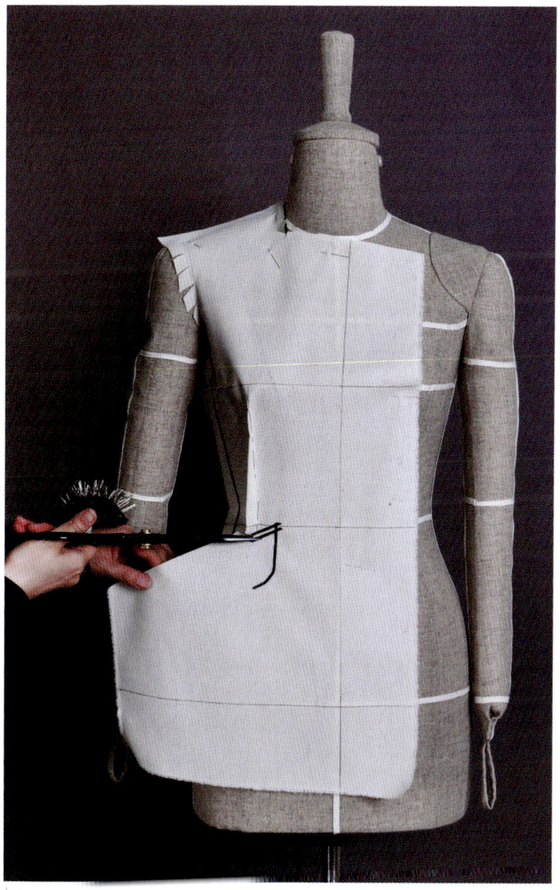

图 4-13

4. 制作后衣身

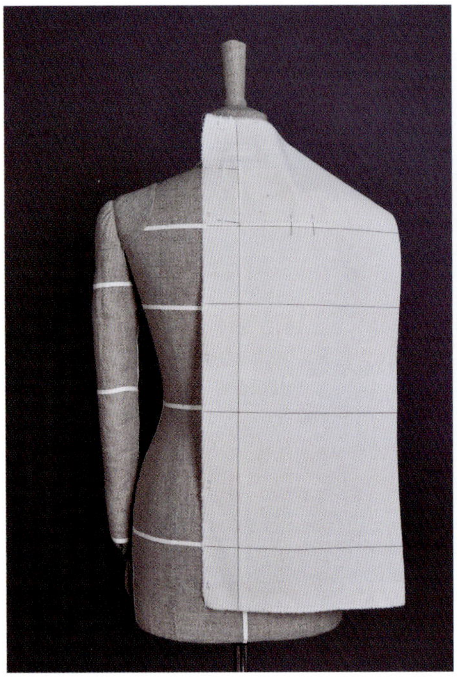

图 4-14

图 4-15

图 4-16

>> **图 4-14** 后片立裁。将备布置于后中领口，肩胛骨位置垂直固定，肩胛骨水平线固定 8cm 左右，如人台后背肩胛骨弧度量大，且考虑到面料大多带有微弹，肩胛骨处无需过多松量，抚平至背宽处固定。

>> **图 4-15** 肩胛骨周围浮起量中放置 0.5cm 在小肩线与前小肩缝合时吃进，其余向袖窿、侧面分割线分散。

>> **图 4-16** 肩胛骨以下，将布料抚平，稍向后中轻抚收省约 1.5cm，腰节线打剪口。

图 4-17

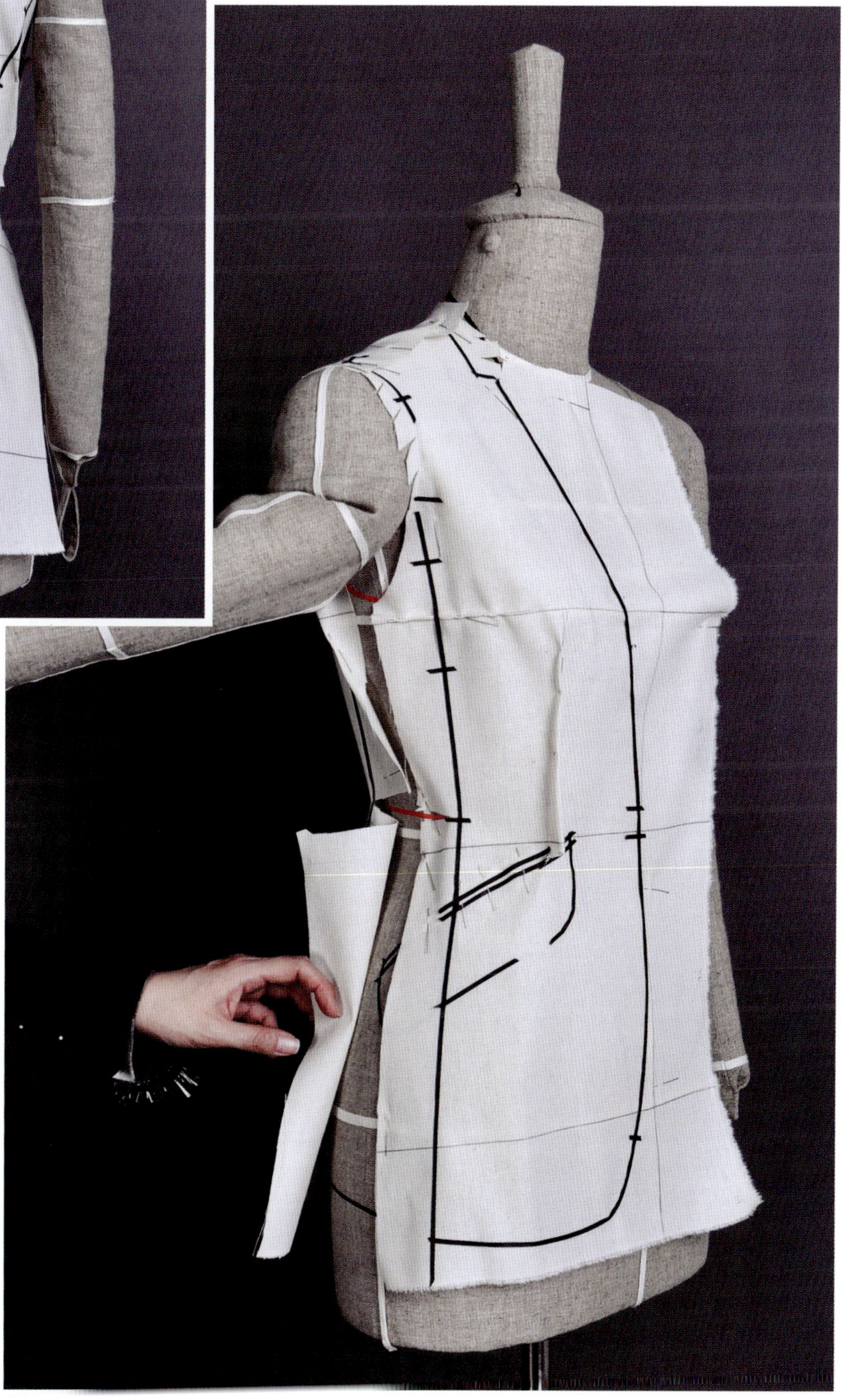

图 4-18

>> 图 4-17 将后片需要覆盖侧片的位置贴标记线，肩胛骨浮起量放置在后侧胸围处，成为两片缝合的吃量，需要上下做两个标记点标明确切位置。为更清楚地观察服装结构，贴出了后中标记线。

>> 图 4-18 将前侧需要覆盖侧片的位置贴标记线，胸部凸起造成的浮起量放置在前侧胸围处，成为两片缝合的吃量，需要上下做两个标记点标明确切位置。更多需要贴线的情况是因为上面还需要继续覆盖其他布片，方便准确操作和标记。

5. 制作侧片

>> 图 4-19 为方便摆放侧片，先挖一个较小的袖窿弧，捏起 0.6cm 左右松量别针，便于保留，将侧片中线垂直固定，再固定胸围线、腰围线、臀围线两端的几处平衡点。

>> 图 4-20 打开之前固定松量的别针，腰节点打剪口。

>> 图 4-21 观察合体度要与前后两侧相似，空间量适度，顺畅平衡，都调试好后可以细节别针。

图 4-19

图 4-20

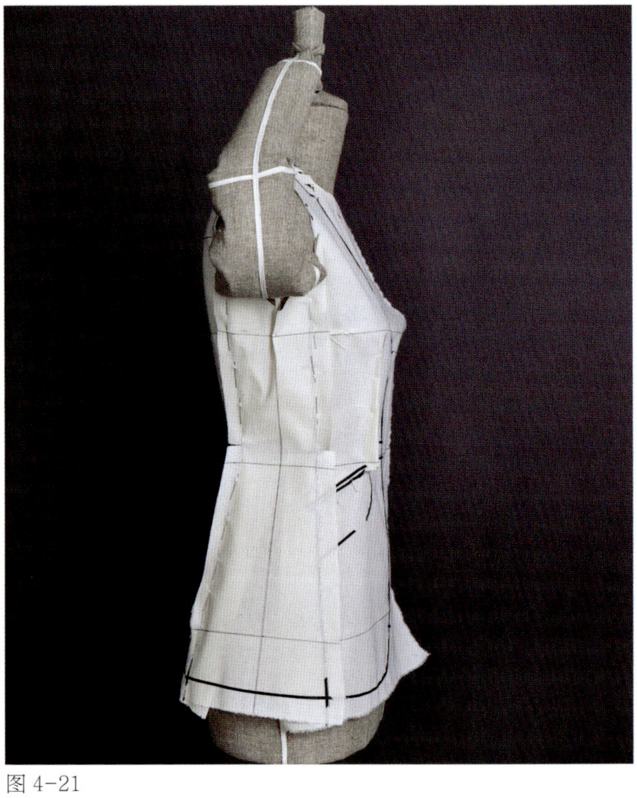

图 4-21

图 4-22

注意：放松量不仅决定舒适度、活动量，更成为立裁最初阶段确定服装整体调性的开端，而单纯用数据限制每处的加放量是立裁最为刻板掣肘的形式，不建议大家被数字禁锢，擅长发挥立裁优势的思路应该是结合设计稿、观察时尚趋势，从轮廓、空间感或绘画造型上寻找线索和信息。立裁应是最灵气的裁剪方式，每一个细微的小部位都在为整个服装注入活力，而这每一步取决于制作者对服装造型设计的感知力和那最“入微”观察。

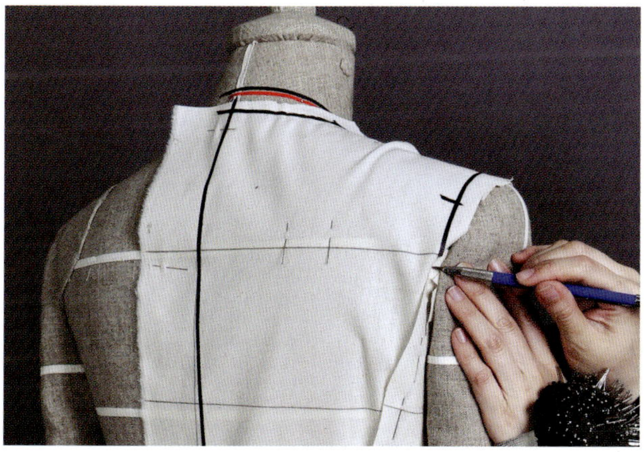

图 4-23

>> 图 4-22 检验袖窿弧线顺畅，由肩端点向前约 5cm 做一个记号点，标记好。

>> 图 4-23 检验袖窿弧线顺畅，由肩端点向后约 5cm 做一个记号点，标记好。

>> 图 4-24 将前片腰省别平，设计口袋宽度和位置，开始立裁袋盖，靠近前中处纱向垂直，其余位置造型与（胯摆）衣身一致。

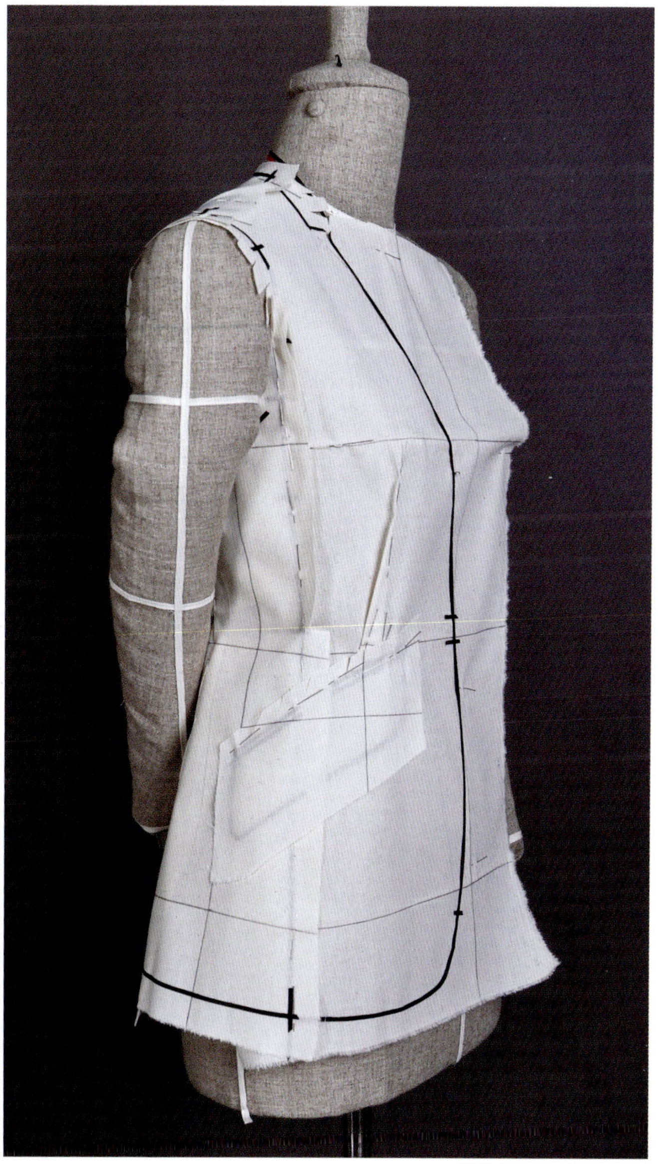

图 4-24

5. 制作领子

图 4-25

图 4-26

>> **图 4-25** 领后中垂直固定，水平辅助线与衣身领座对齐 2.5cm 别针再开始打剪口，注意领底圆顺吻合度高。

>> **图 4-26** 由后中顺脖颈的弧度向前围绕，打剪口陆续别针。

>> **图 4-27** 领与人台颈部有少量空隙，可以容纳一个指尖。

>> **图 4-28** 后中折返过来，备布的垂直辅助线一直是吻合人台后中的状态，将领外弧线确认到最佳位置就可以将多余的布料修剪一下，留 1 ~ 1.5cm 的布边。

图 4-27

图 4-28

图 4-29

图 4-30

图 4-31

>> 图 4-29 将领边缘布边向里折，检验领翻折线条的圆顺度，这时的圆顺度直接影响领与驳领结合处的弧度。

>> 图 4-30 这件西服夹克领座高度约 3cm，翻领约 4cm，在后中位置翻领需掩盖住与衣身缝合的上领线最少约 0.5cm。

>> 图 4-31 贴出上领线，胸点附近的浮起量转做吃量。开始驳领的立裁，确认驳领与衣身连接线顺畅合理，标记出腰节处腰带穿过小孔以及驳领浅弧的消失位置。

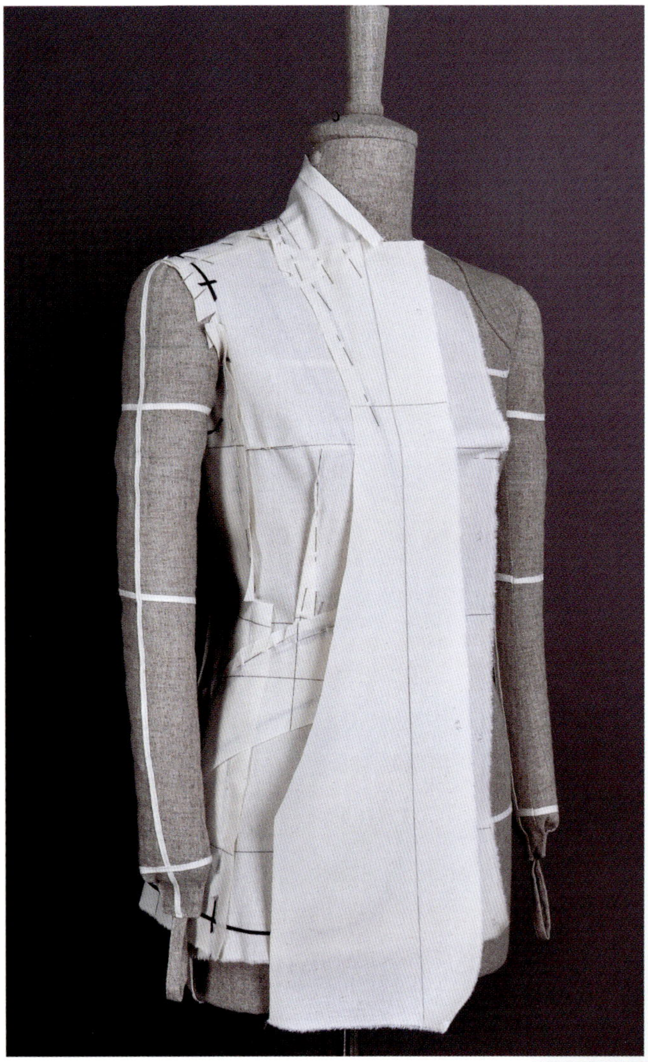

图 4-32

>> 图 4-32 几乎是平铺的方式，将备好的驳领布料上端水平垂直摆放在串口线位置，与衣身首先别针，再和领别针，这时也可以稍把领向外翻，观察伏贴度。

>> 图 4-33 将驳领翻到正面，确定平顺，外口扣势和经典西服领效果一致。然后开始这条浅弧驳领的创意部分，首先能够想象出浅弧的形状是外松内紧的，也就是一个长条的扇形，这时必须修剪与衣身连接位置的弧线，使之充分地贴近衣身止口线条。

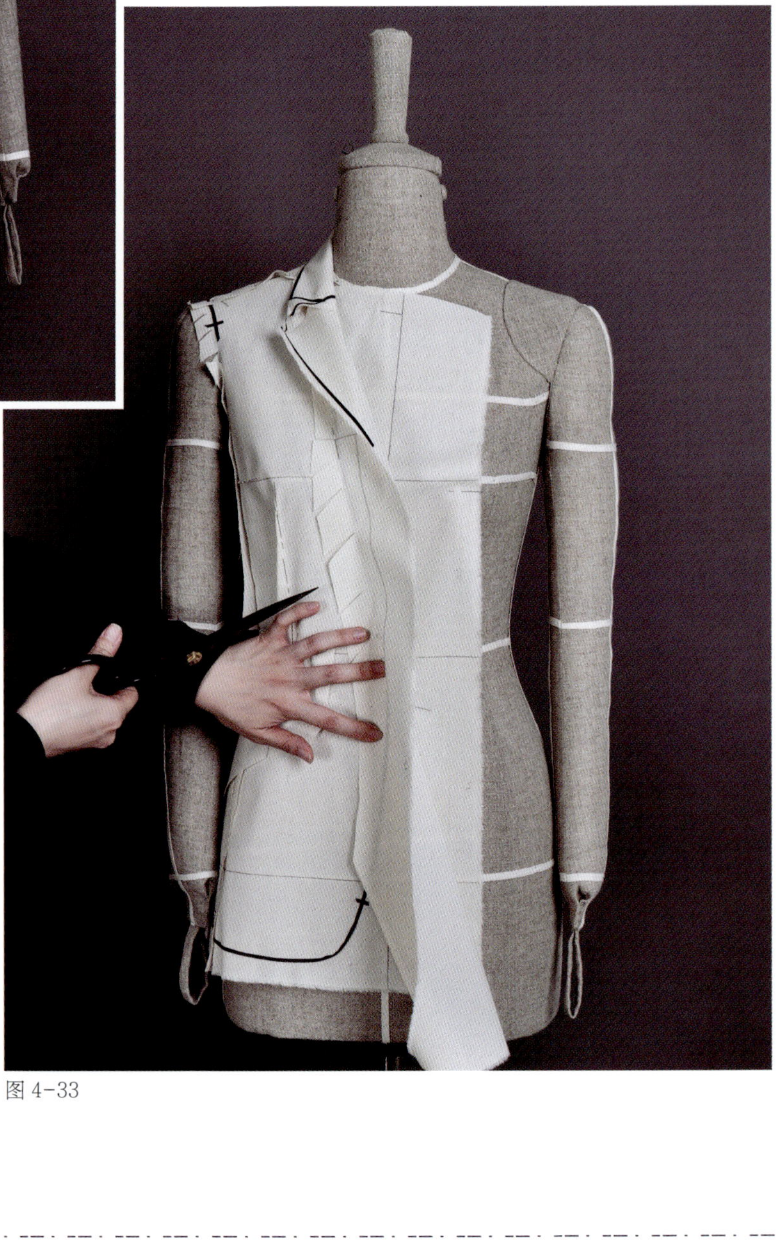

图 4-33

图 4-34

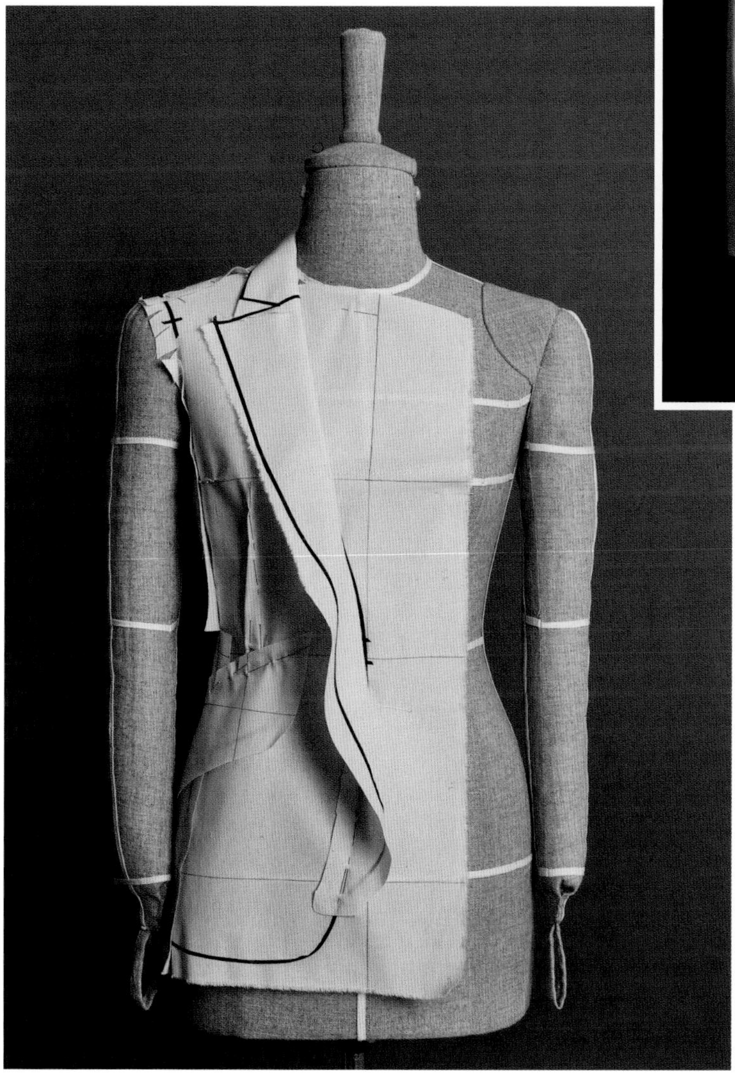

图 4-35

>> **图 4-34** 这是一张组装好的效果照片，浅弧的消失位置要和衣身下摆充分协调。

>> **图 4-35** 浅弧驳领由胸围位置开始变形，起伏状态顺畅感都和领底弧线相关，检验过后贴标记线，确认领边缘位置。

8. 制作袖子

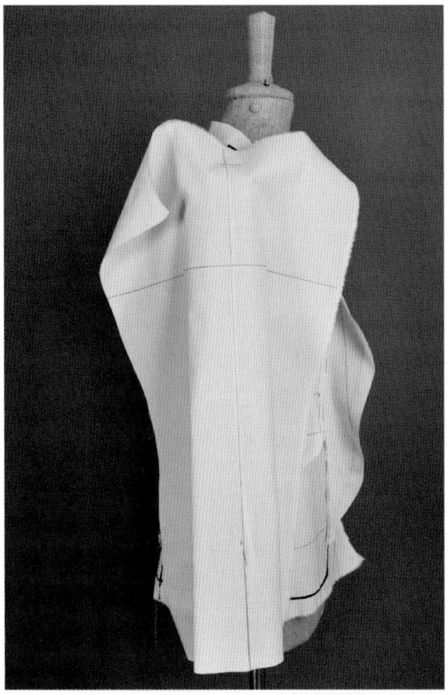

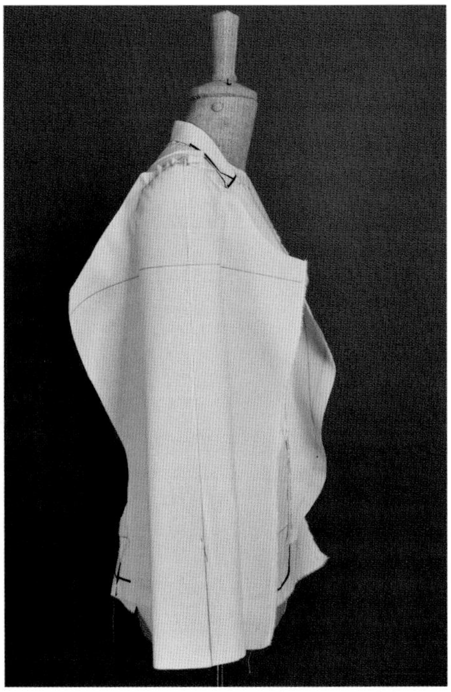

图 4-36、图 4-37

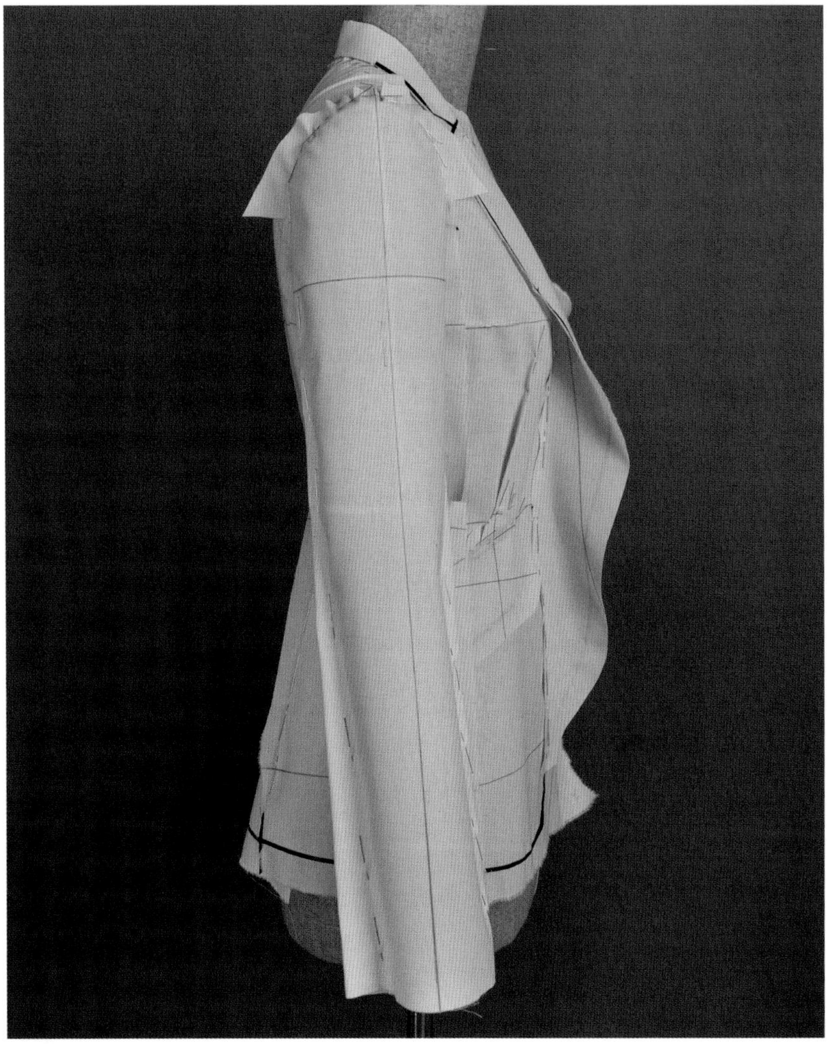

图 4-38

>> **图 4-36** 将袖子备布中线对准手臂和小肩线袖肘向前倾斜，符合人体手臂特点和前伸运动需要。将袖肥线放置在手臂袖肥线处，袖山高度大约 14.5cm，塑造出前后袖肥放松量。

>> **图 4-37** 前后腋点固定，将前后袖山弧含有适度松量与衣身袖窿别针，修剪袖山弧布边留 2cm 左右。

>> **图 4-38** 首先做出圆柱的袖基础造型，由腋点向内卷筒，这个时候袖窿底和袖口处是等宽的。再做出袖子弯势，前袖内弯收省从袖肥腋下 3cm 左右开始至袖口消失。找出后袖肥 1/2 处内偏 1.5cm 位置，由上至下收手臂省，塑造出具有弯势的袖轮廓更接近手臂形状。

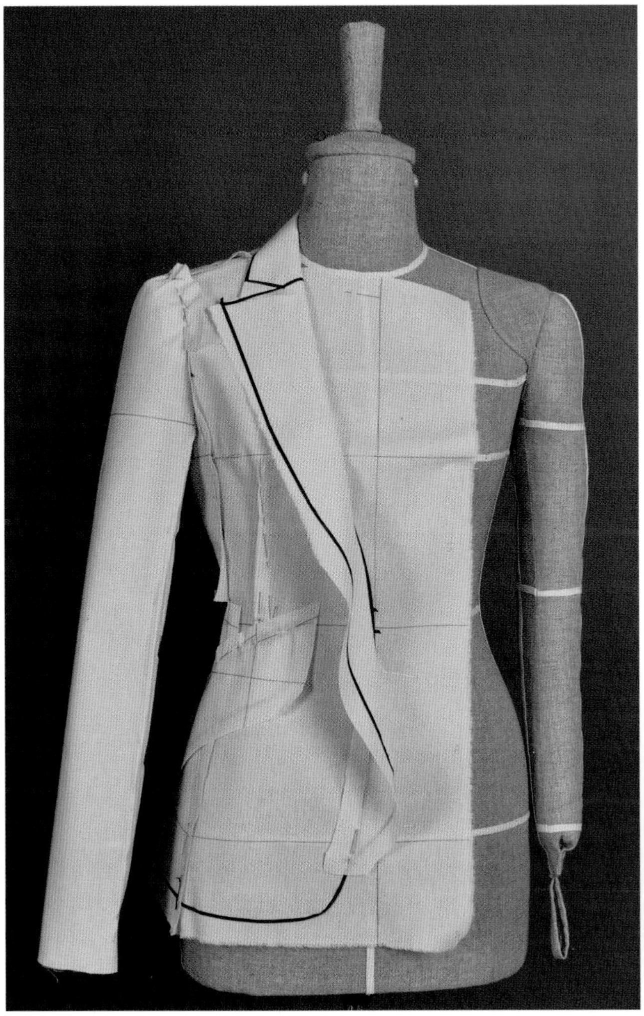

图 4-39

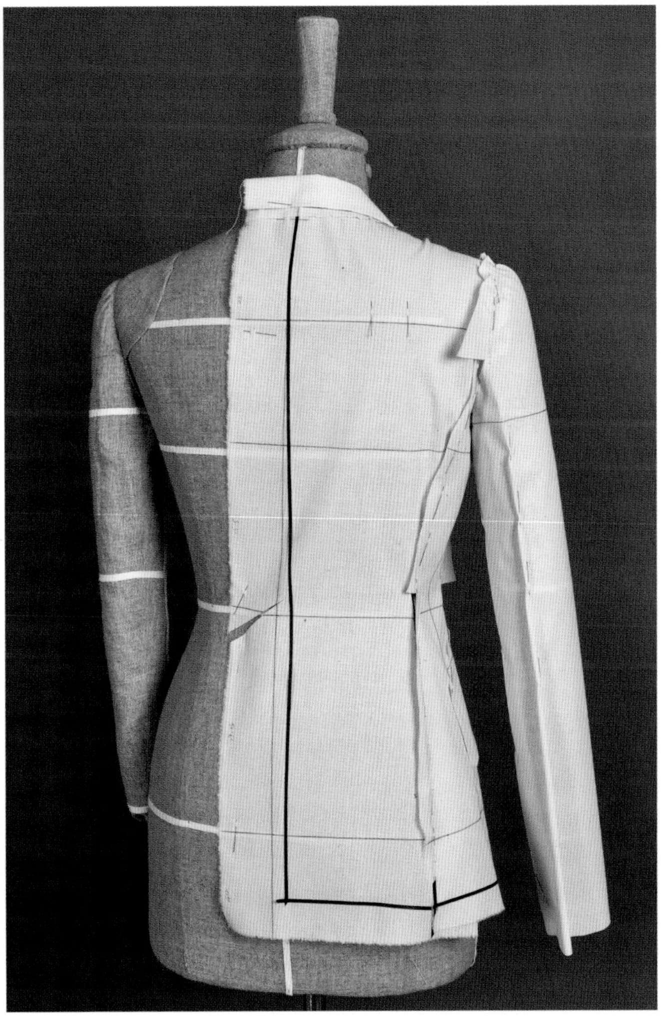

图 4-40

>> 图 4-39 这是从衣身正面观看袖子的效果，立裁时让袖筒稍微张开，这种角度制作出来的袖子，袖山高度适中，袖肥较为合理。

>> 图 4-40 因为靠近袖内侧做了前后两只纵向的大省，这样也就形成了一大一小的袖片比例，一半是外侧的大袖，另一半是小袖。

9. 绘制布版

>> 图 4-41 >> 图 4-42 将袖子标记后取下，对比前后袖山弧是否顺畅。

>> 图 4-43 领的平面改造有利于领的伏贴，长短虚线为翻折线，实线为领角分割位置。

>> 图 4-44 将领侧面垂直于翻折线等距离画线。为使领翻折线处更为伏贴，在此线下另取一条线段，后中距离翻折线 0.7cm，与驳领结合处距离翻折线 1cm。

>> 图 4-45 切展后领底数值不变，领角上方共收进 0.5cm，翻领下方收进 0.2cm，领外缘视面料厚度酌情展开 0.2 ~ 0.5cm。

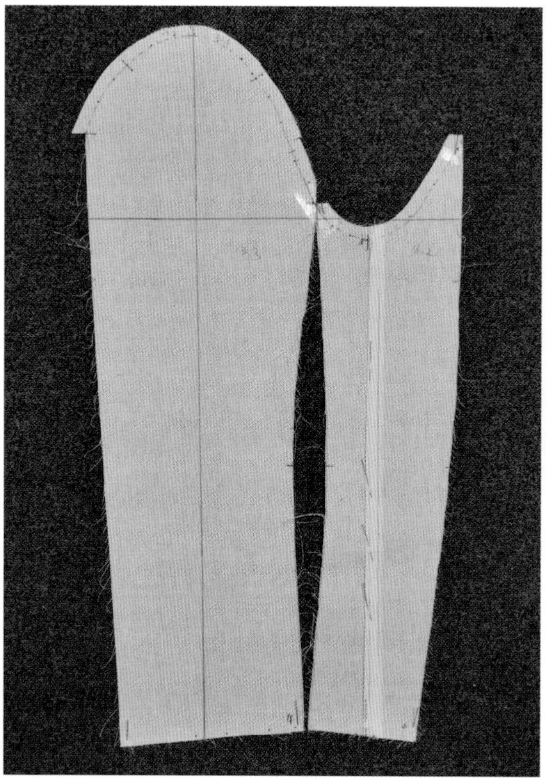

图 4-41

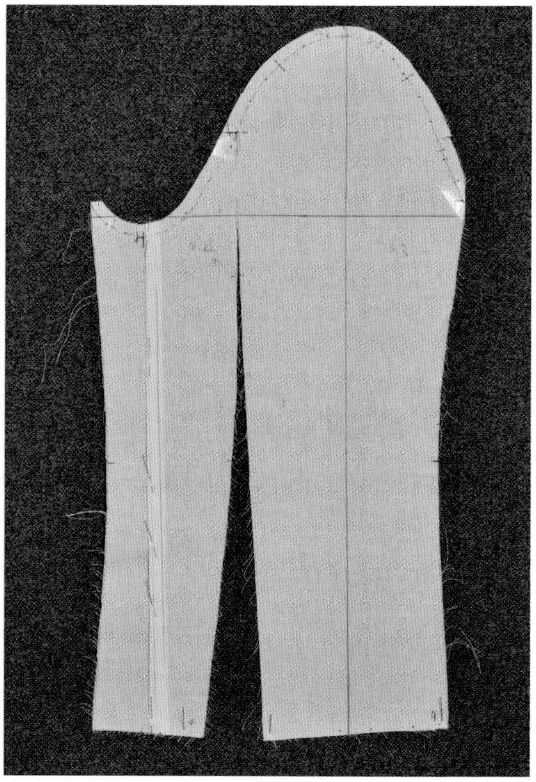

图 4-42

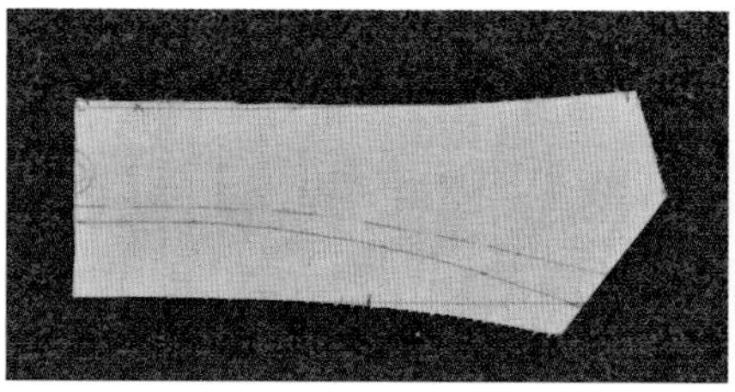

图 4-43

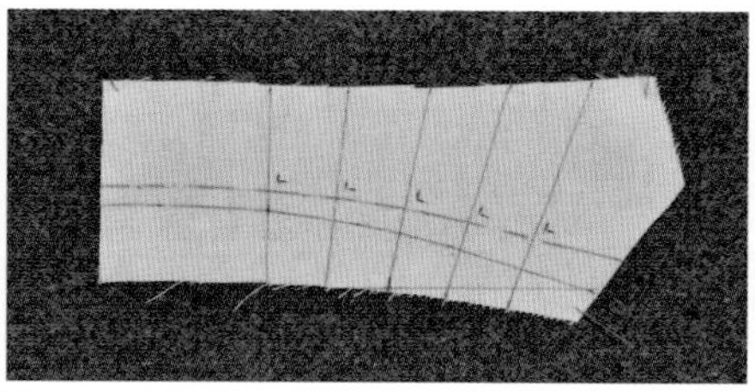

图 4-44

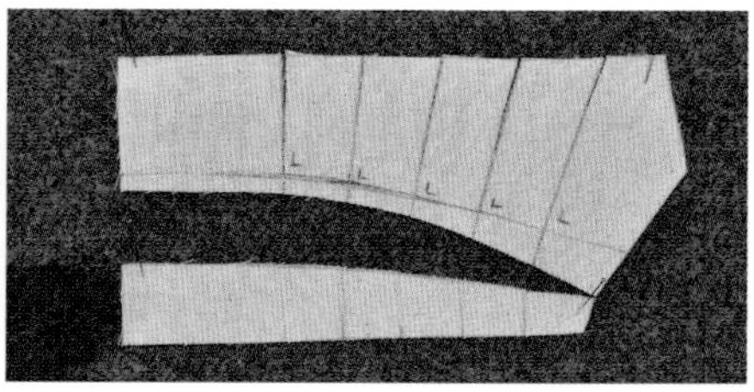

图 4-45

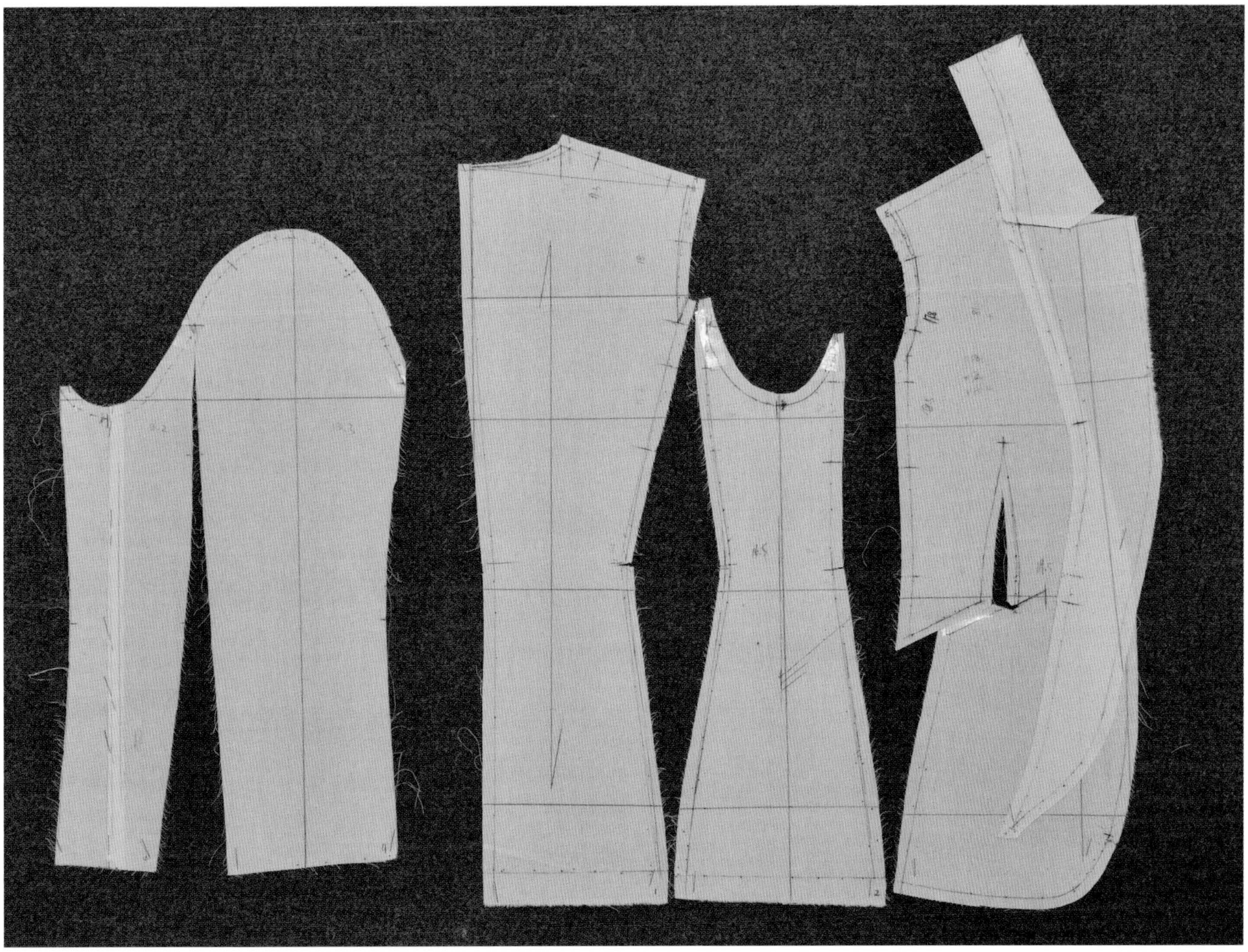

图 4-46

>> **图 4-46** 将西服夹克所有裁片依次摆放好，核对各处缝合位置尺寸。

第 5 款

图 5-1

波浪摆大衣

图 5-2

（一）款式分析

此款收腰过膝长款大衣非常适合正式场合穿着，翻领宽大，垫肩微翘，袖口拼接有戎装色彩。腰部纤细，轮廓分明，极具女性化。领与丰富的伞摆节奏相呼应。前、侧、后三开身结构设计，衣身侧片在胯部恰好通过口袋盖的细节与裙摆波浪片巧妙分割。面料建议格纹毛料，侧片斜纱剪裁使格纹与前后片直纱纹路产生撞击的效果，增加视觉冲击力（图 5-1 ~图 5-3）。

图 5-3

（二）操作步骤

1. 备布（图 5-4）

单位：cm

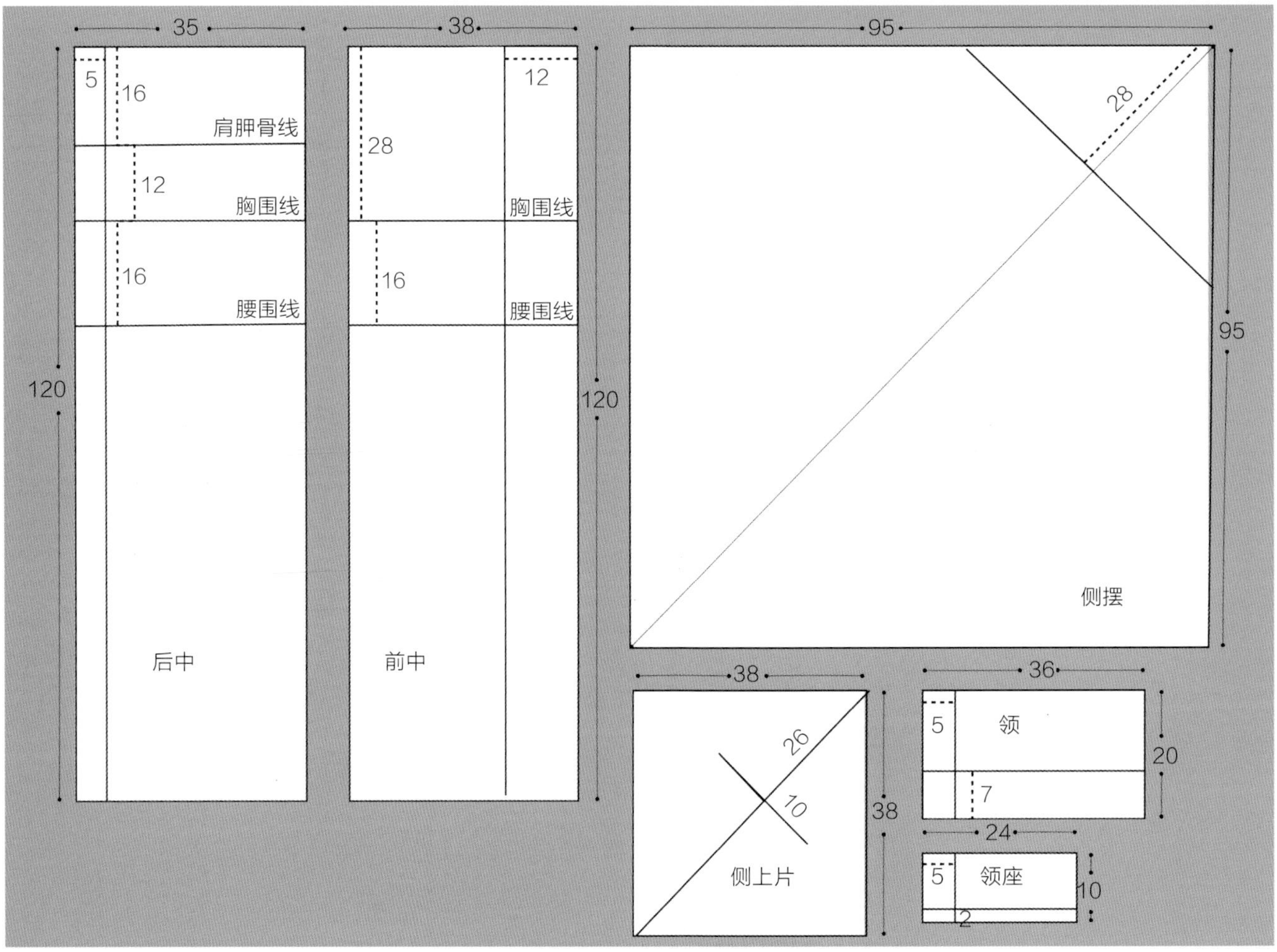

图 5-4

2. 贴人台标记线

>> 图 5-5 设计好前中斜向搭门的位置，衣身主体结构由前、后、侧三个部分贴出侧面的标记线。

>> 图 5-6>> 图 5-7 贴出大衣领子形状、翻折线、串口线、侧分割线、口袋位置，腰节提高位置用红色线表示，将垫肩中线向后倾斜 1cm，对齐人台小肩线，整体沿肩线向外放 1cm 固定好。

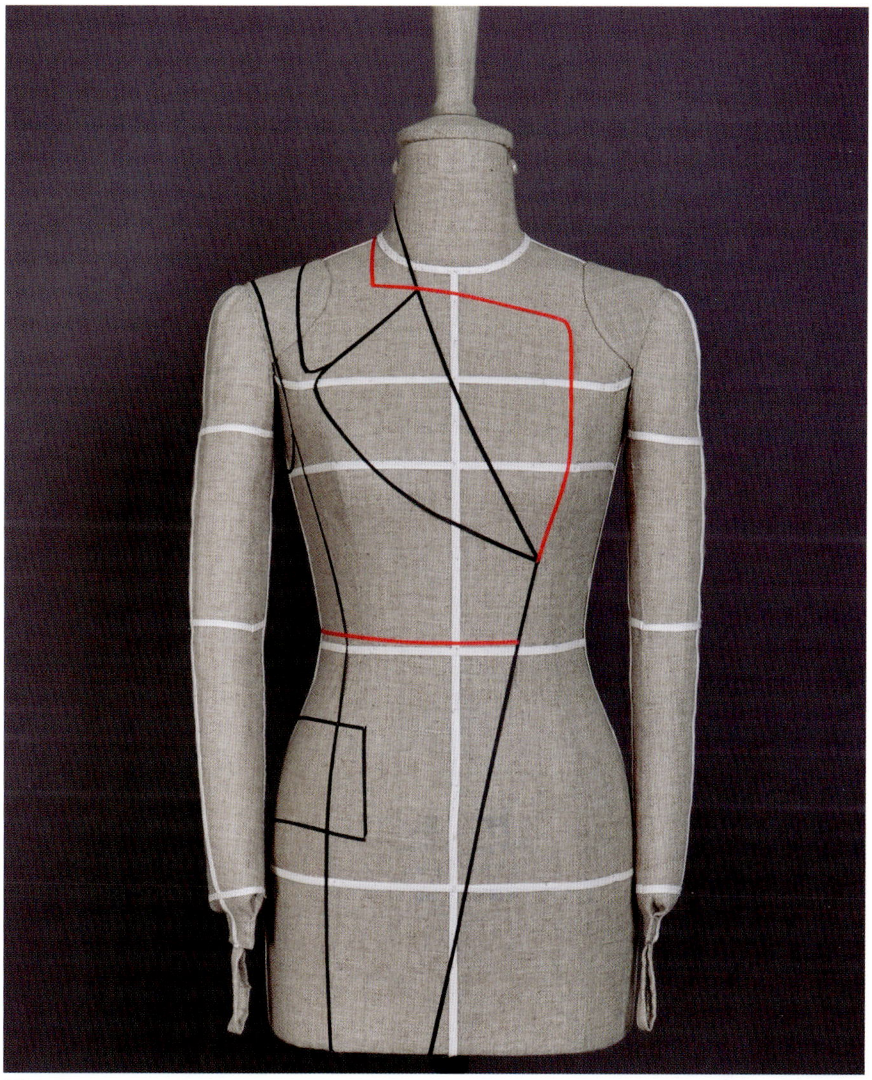

图 5-5

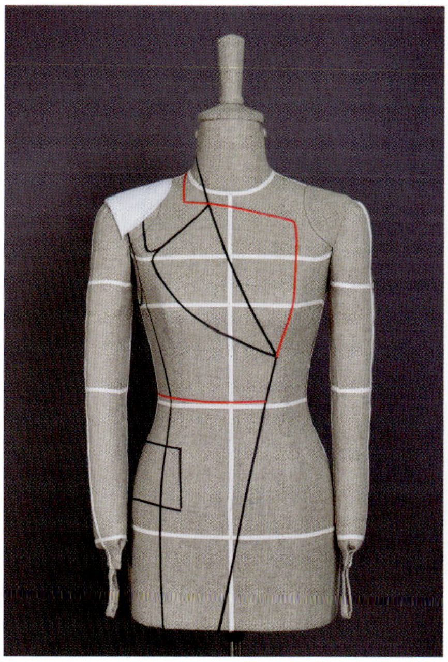

图 5-6

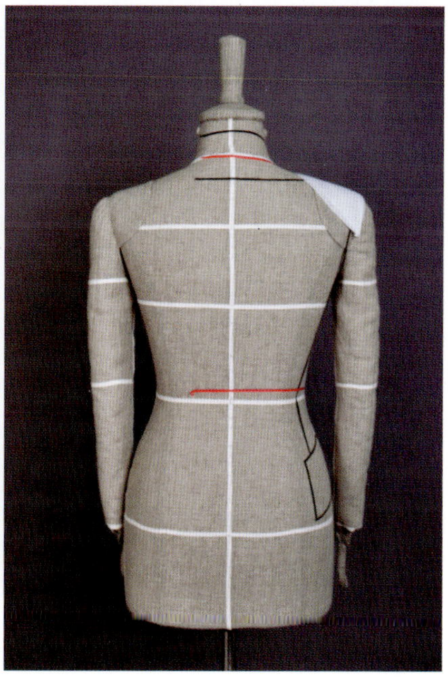

图 5-7

3. 制作前衣身

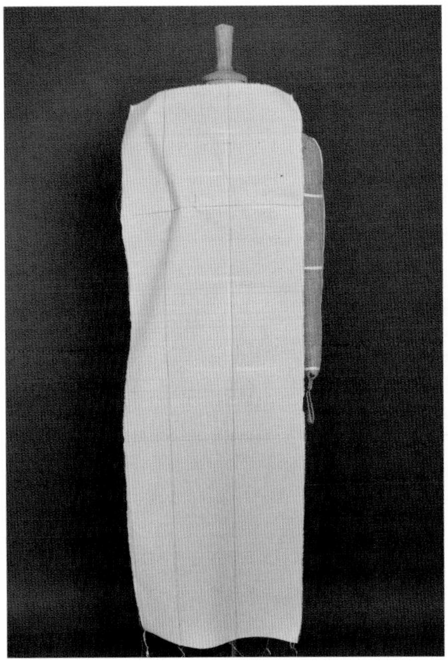
图 5-8

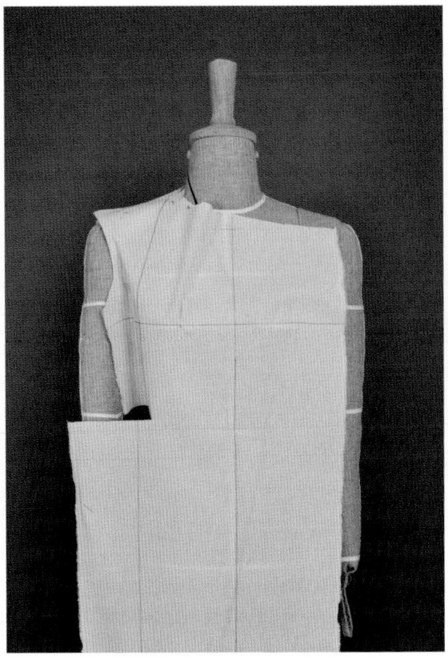
图 5-9

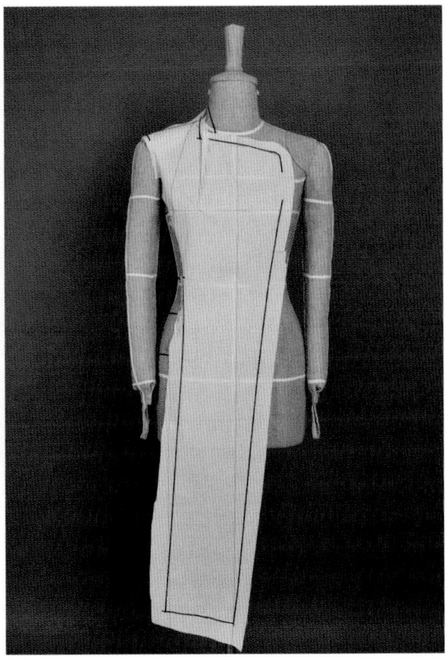
图 5-10

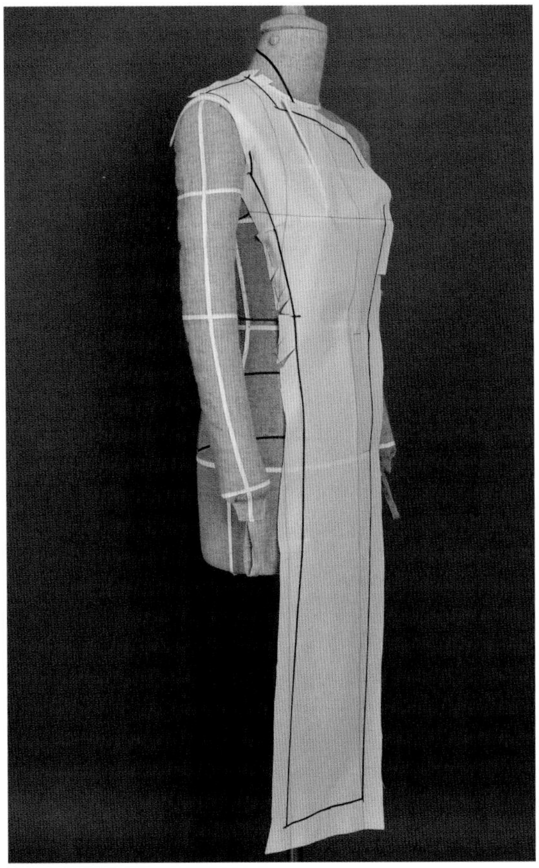
图 5-11

>> **图 5-8** 首先将备布的前中垂直、胸围线水平，左右胸点处固定于人台，前中腰节线向下 2 ~ 3cm 处别针固定，臀围线固定，胸点放适当的松量，别针。

>> **图 5-9** 胸围线水平，侧面留出松量，前腋处固定，其余布料向领口处转移，先做一个指向胸上的领省。

>> **图 5-10** 贴出侧面分割线，贴串口、驳领、止口、下摆的标记线，除下摆布边 4cm 以外，其他位置布边 2cm。

>> **图 5-11** 将需要覆盖侧片的位置贴标记线，胸浮起量放置在前侧胸围处 0.3cm，两片缝合时吃进，需要上下做两个标记点标明确切位置。腰节提高处贴标记点，袖窿腋点处小贴一段标记线。

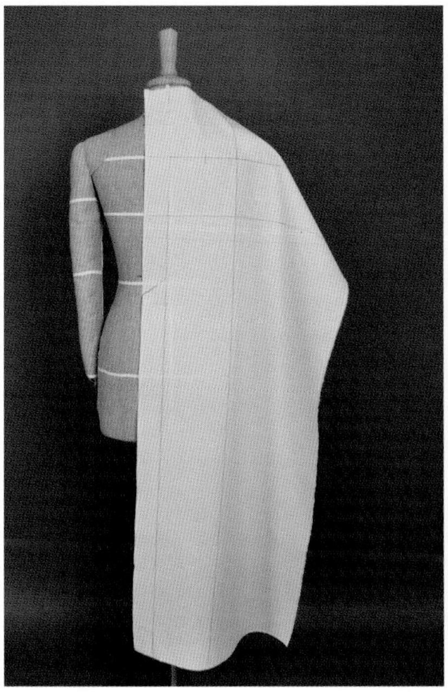
图 5-12

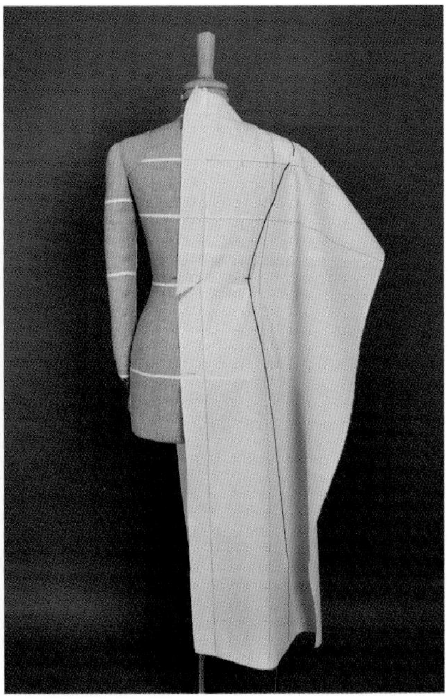
图 5-13

4. 制作后衣身

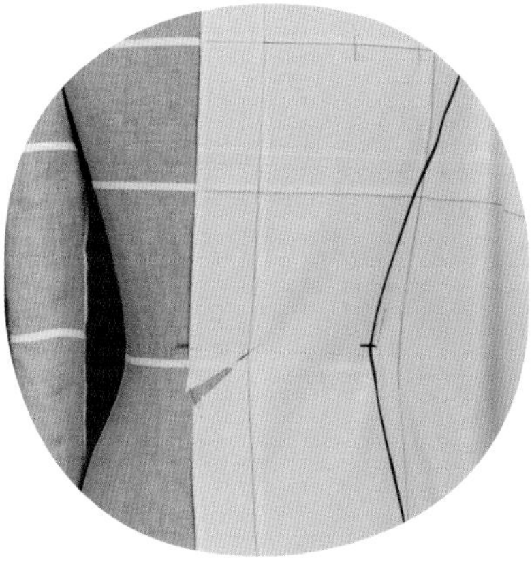

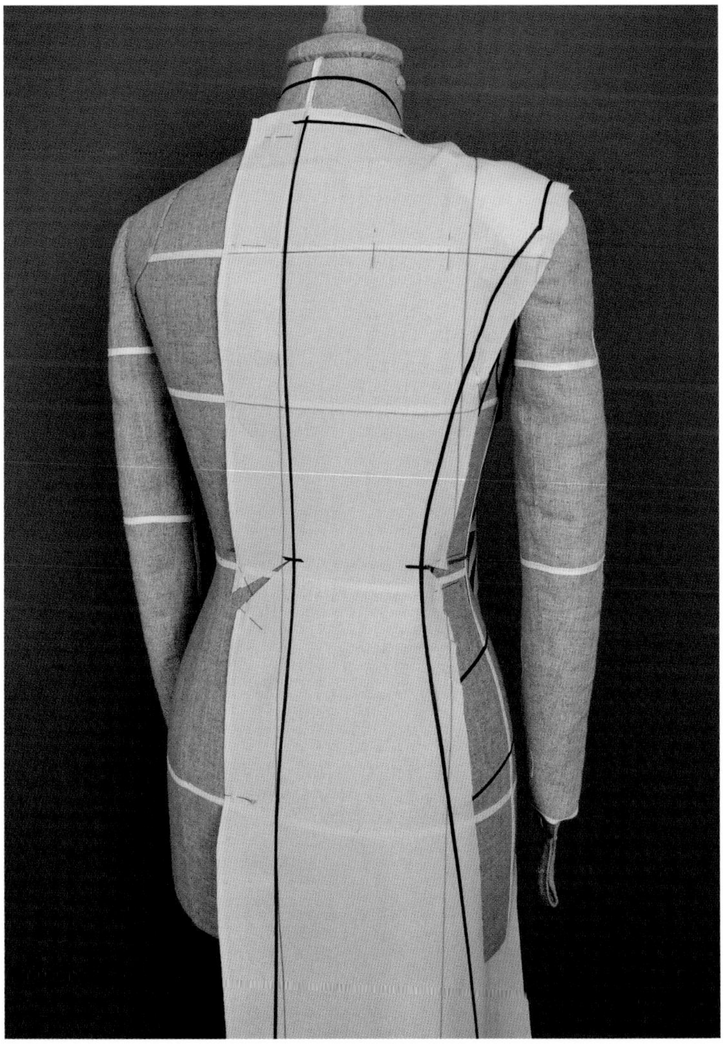
图 5-14

>> **图 5-12** 将备布后中领口处垂直，肩胛处与人台水平对齐 10cm。再将肩胛骨以下布料稍向后中轻抚，偏离后中原有垂直线 1.5cm 左右，收省打剪口。

>> **图 5-13** 贴出标记线。

>> **图 5-14** 将肩胛骨周围浮起量其中 0.5cm 放置在小肩线与前小肩缝合时吃进，其余向袖窿、侧面分割线分散。修剪领口布边至 1.5cm，肩侧面 2 ~ 3cm，下摆 4cm。

5. 制作侧衣身

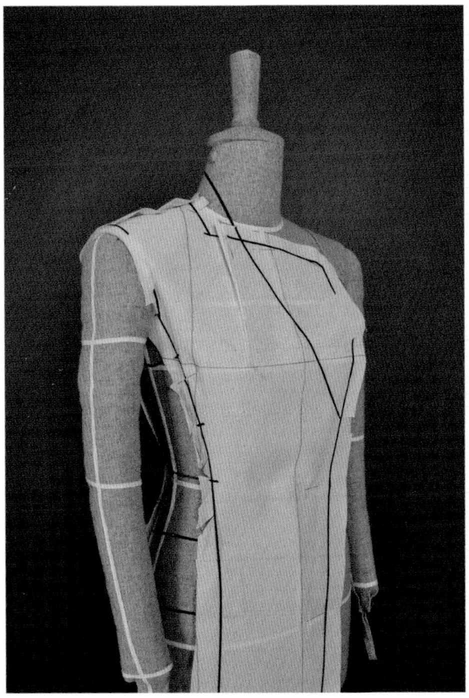
图 5-15

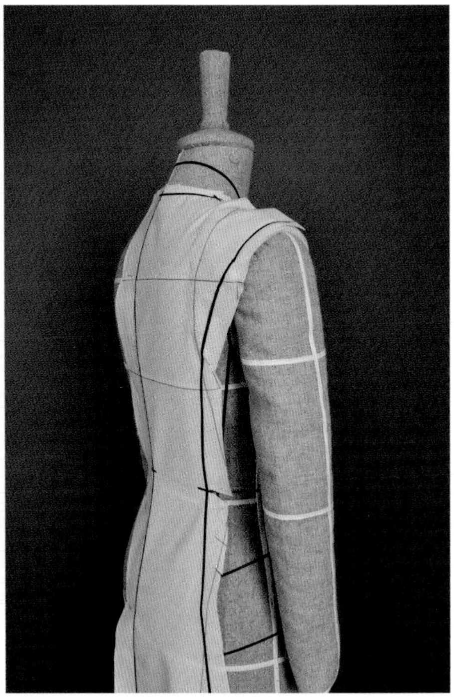
图 5-16

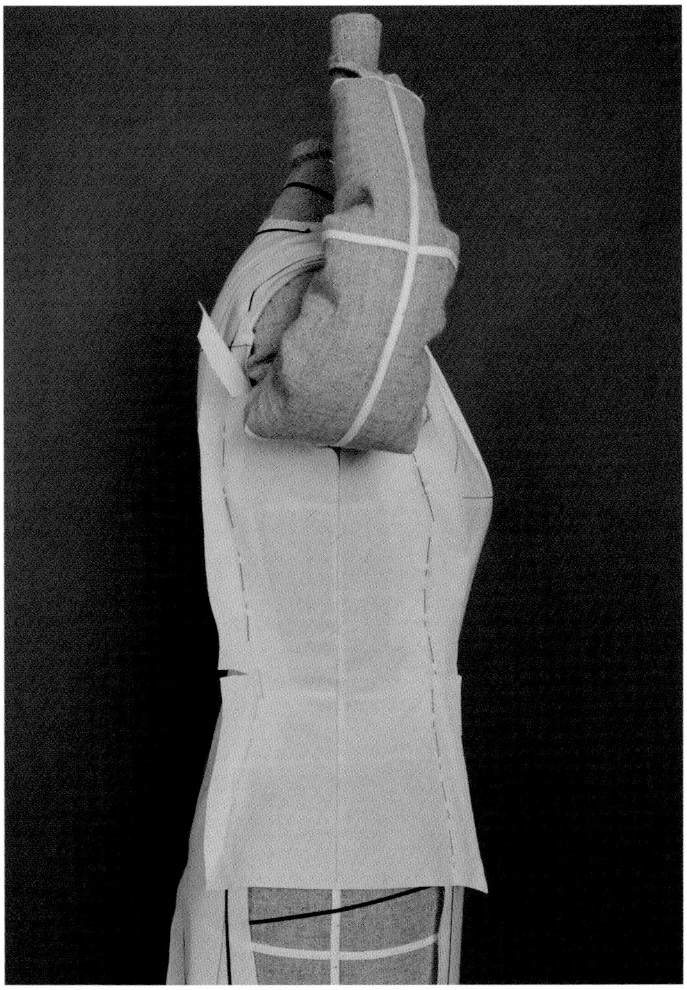
图 5-17

>>图 5-15>>图 5-16 将前后片整理好，检验放松量、标记线。

>>图 5-17 侧片中线垂直摆放，为方便立裁，先在袖窿上挖一个较小的袖窟窿，放出松量，再在胸围线、腰围线、臀围线两端的几处平衡点别针固定。腰部修身效果明显，此款选用斜纱裁剪，也可根据设计要求改为直纱，侧面长度到设计的口袋位置，细致别针后修剪多余布料，布边留 2cm 即可。

图 5-18

图 5-19

>> 图 5-18 制作裙摆，布料也是利用斜纱，将45° 斜纱垂直放置在侧片中间，在兜口处首先固定一针。

>> 图 5-19 将裙摆备布腰节线处由中间垂直打剪口，然后将周围布料向下放，观察裙摆波浪的大小适度，然后就可以按照一定间距逐步别针、打剪口，再别针，再固定，以此类推。

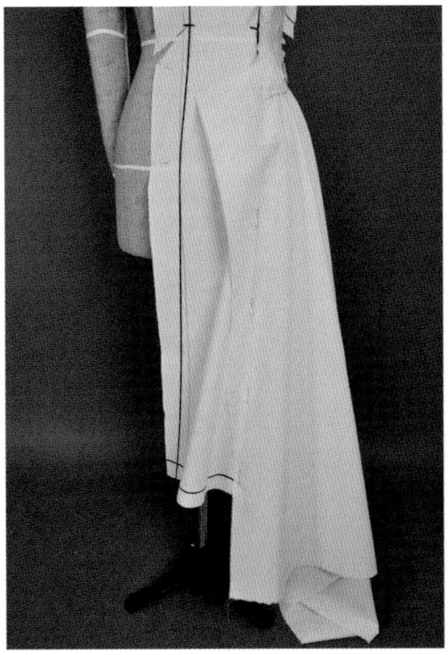
图 5-20

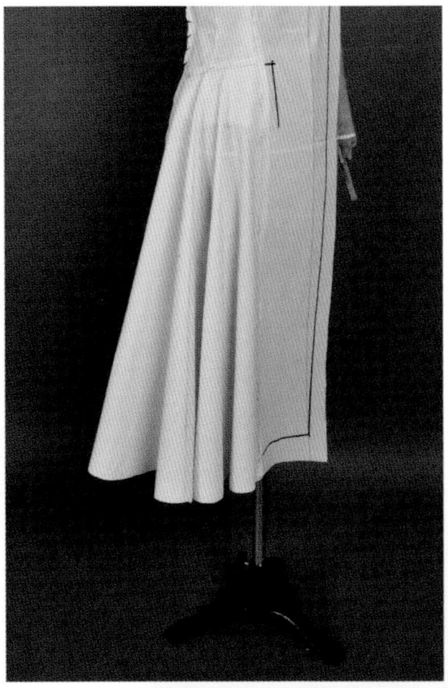
图 5-21

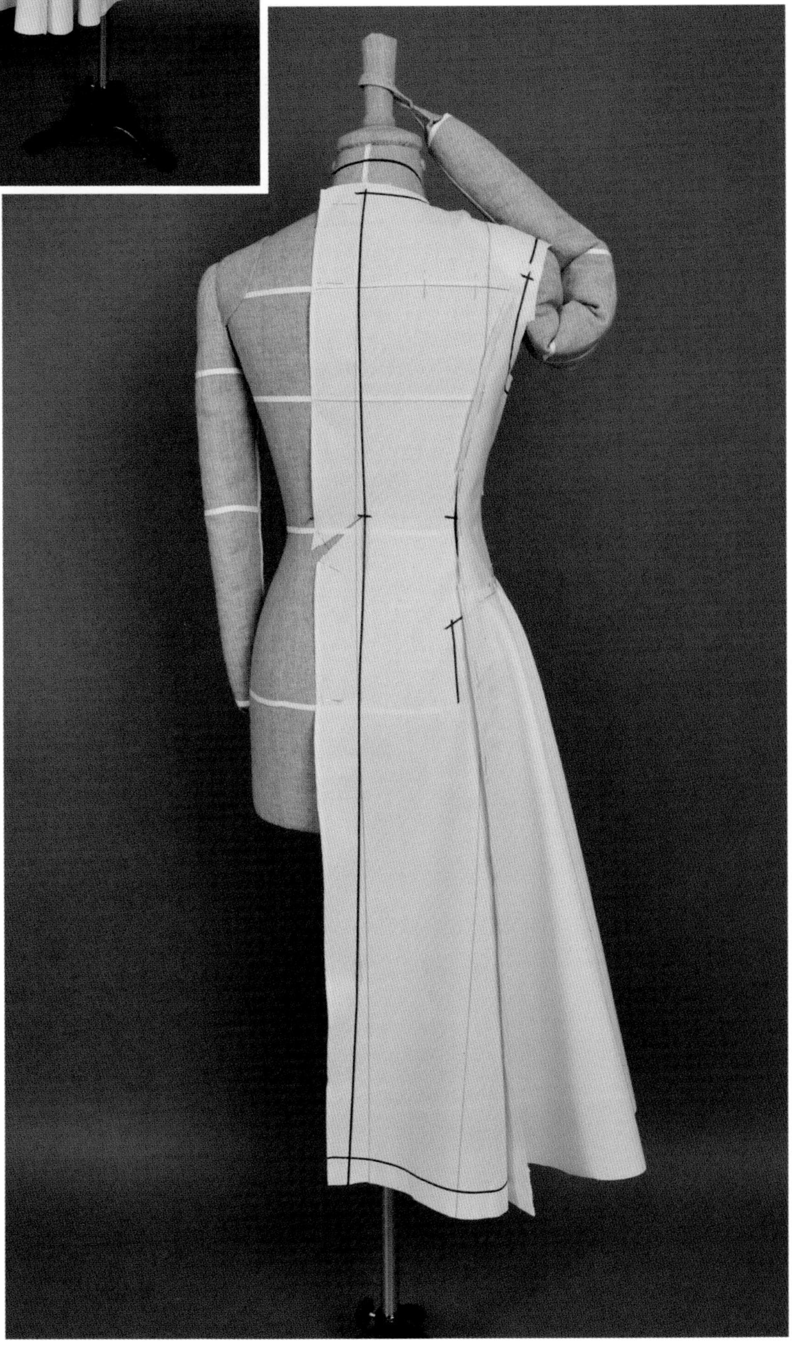
图 5-22

>> **图 5-20** 所有波浪的方向、大小都确认和固定后，将裙摆后侧与衣身别好。

>> **图 5-21** 裙摆幅度是由前后中向两侧逐渐变大的效果。

>> **图 5-22** 确认下摆长度，将多余布料修剪，布边留 4cm。

6. 制作领子

>> **图 5-23** 将翻折线以止口第一扣位交叉点为中心，逆时针转至离串口线转折位置 1cm 处，贴标记线止于离第一扣位 3cm 处。靠新贴线留适当缝份，破开。利用先后两条翻折线弧线长度差将领省转为吃量，在胸围线附近缝合吃进。

>> **图 5-24** 立裁领座，将备布后中垂直，水平基础线别针重合衣身领口 2cm，领由后中逐渐转向侧面、前面，直到省线处。

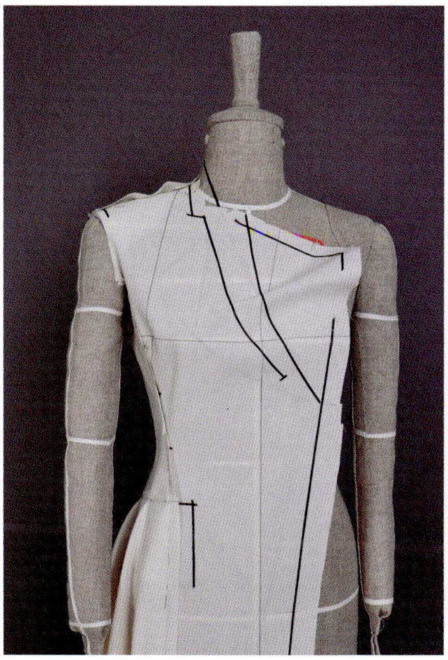
图 5-23

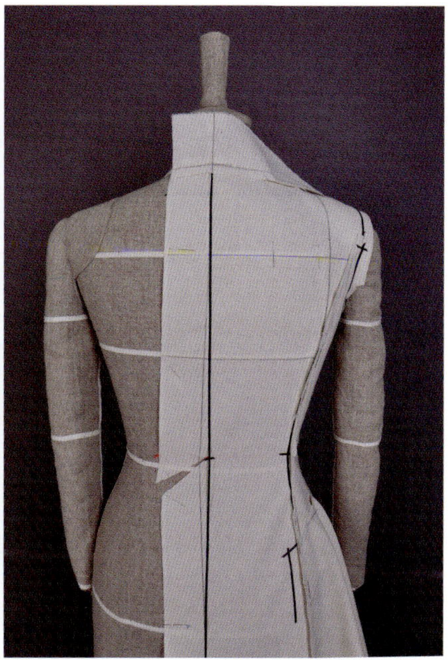
图 5-24

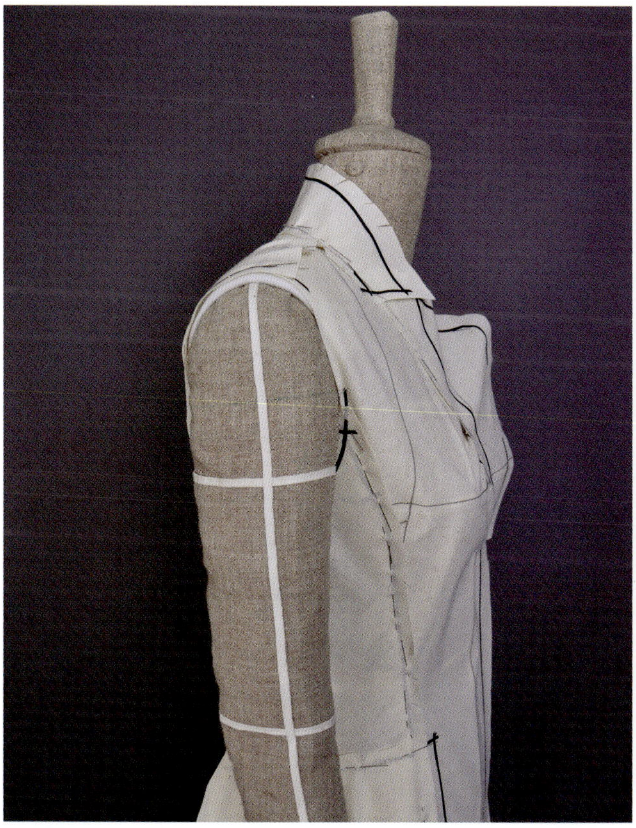
图 5-25

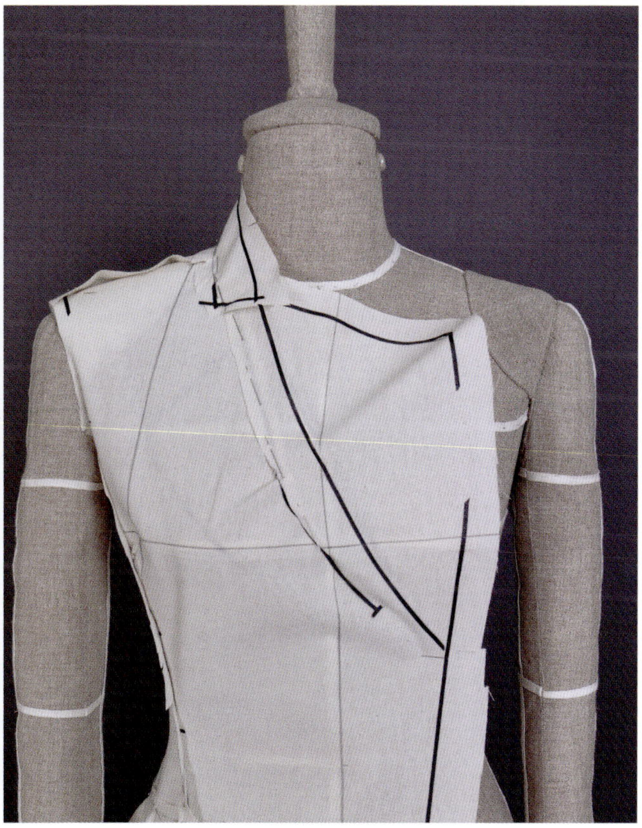
图 5-26

>> **图 5-25** 领座上缘高度要适当，与设计的领子相呼应。

>> **图 5-26** 正面观察领省，串口线处别针 2cm 直到消失，距离翻折线约 2cm。

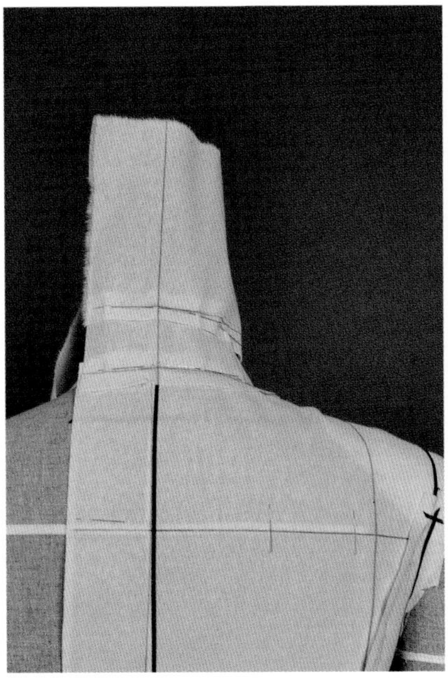

图 5-27

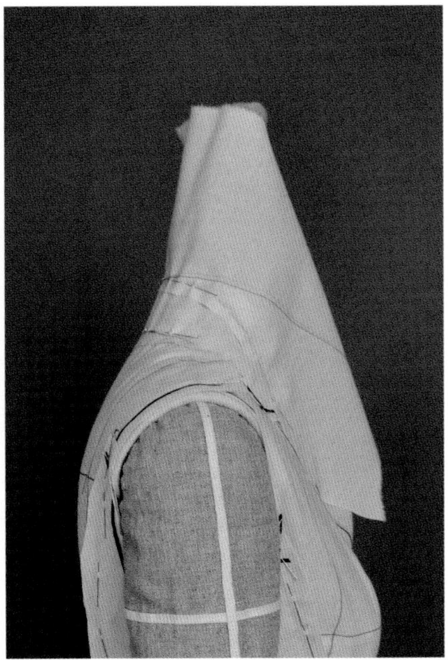

图 5-28

>> **图 5-27** 做翻领，先将后中垂直固定，辅助线水平别针 2cm，转向侧面。

>> **图 5-28** 侧面别针位置逐渐由基础线向下弧，使翻领外缘呈现扇形的展开效果。

>> **图 5-29** 正面翻领底部别针，与串口线别针一段，先不拐向止口。

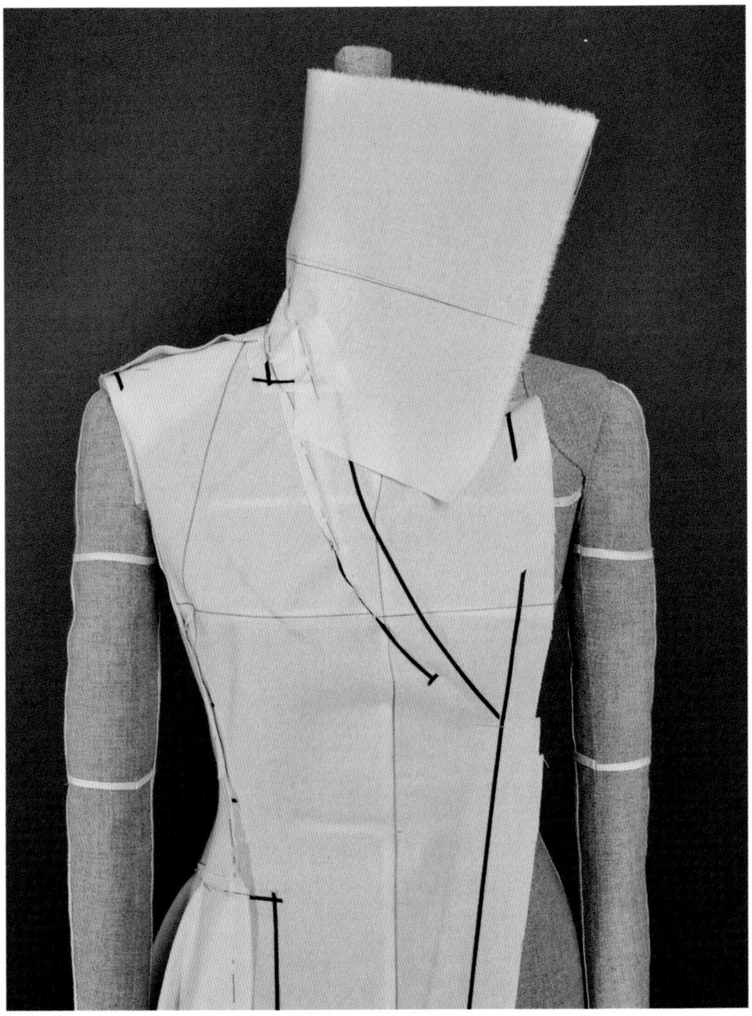

图 5-29

图 5-30

>> 图 5-30 翻领向下翻折的线条要顺畅，翻领边缘多余布料向上折起，同样要求线条顺畅美观。

>> 图 5-31 翻领转向正面后翻折线依然优美，准确地与衣身驳领对接，且领高也是从后中最高到半侧持平，再到侧面略低，转向正面缓缓下降，翻折线高度直到驳领止口都是顺畅的观感。

>> 图 5-32 翻领外口稳稳地扣着衣身，宽度与高度和谐。

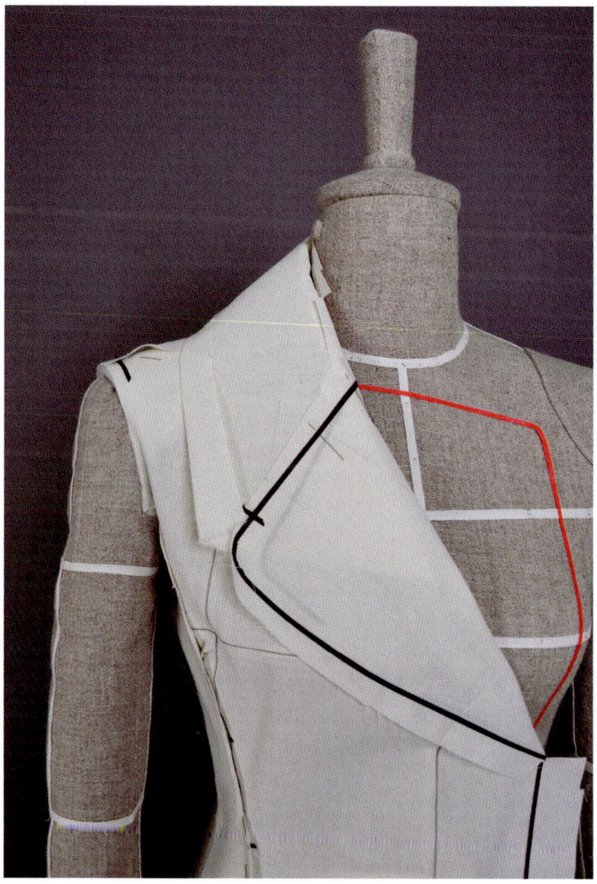

图 5-31

图 5-32

7. 袖子的平面制版（图 5-33）

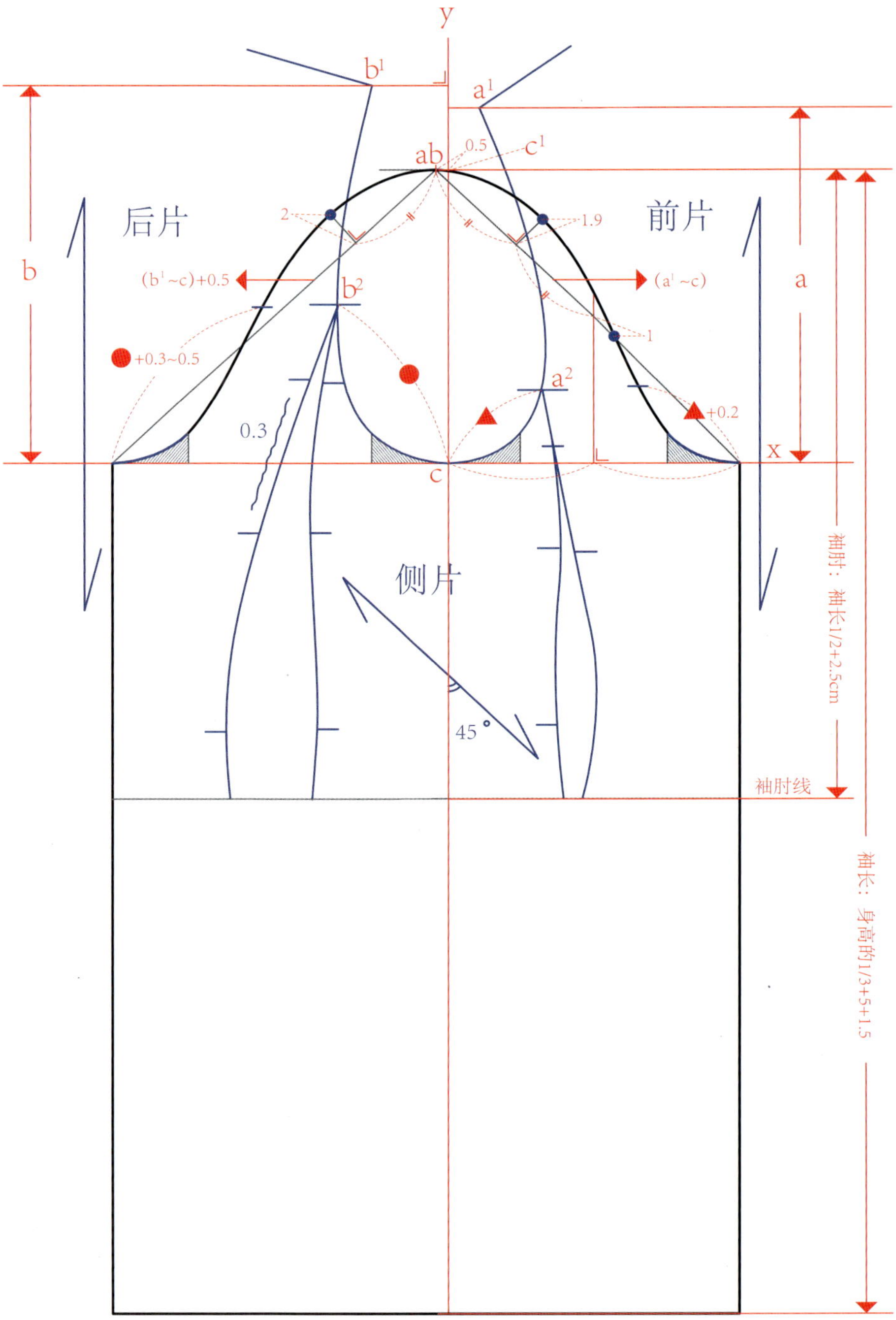

图 5-33

合袖窿：

拓下来的布版很多具体位置在此用英文小写符号代替，测量各部分数据并记录下来。

侧片腋下点：c

前片袖窿垂直高度并测量：a

前肩端点：a^1

前片与侧片分割点：a^2

前袖窿弧度测量 a^1~c

前对位记号测量 a^2~c 用“▲”标示

后片袖窿垂直高度并测量：b

后肩端点：b^1

后片与侧片分割点：b^2

后袖窿弧度测量：b^1~c

后对位记号测量 b^2~c 用“●”标示

袖基础形绘制：

画出 XY 轴，将纱向垂直摆放好前、侧、后三片，袖窿分割点吻合。侧片腋下位置 c 对合 XY 轴交叉点。

袖山高度的设定：$\{[(b-a)\div2+a]\div6\}\times5$，由 c 点向上垂直量出袖山高，用 c^1 表示或参考数 14.5cm(经验值)+ 垫肩高度。

袖山中点：ab

用计算出的袖山高 c^1 点向后袖方向画水平线 0.5cm，确定 ab 为袖山中点。

袖山斜线和袖肥的确定：

前袖山斜线由 ab 点向 X 轴斜量 a^1~c 长度。

后袖山斜线由 ab 点向 X 轴斜量 $(b^1$~$c)+0.5$cm 。

袖长：

由袖山高向下量身高的 1/3+5cm 大衣袖长 +1.5cm(垫肩增高量)。

袖肘：

袖长 1/2+2.5cm。

将袖框架绘制好。

绘制袖山：

取前后袖窿底部弧高 2cm 弧线形状拷贝到袖山两侧（这两个弧用淡蓝色表示）。

由前袖肥 1/2 点向上垂直画线至袖山斜线，先向下 1cm 找出绘制袖山的关键点（这个点用淡蓝色表示）。

再由交叉点处量至 ab 袖山中点，记录数值，一会复制到袖山的另外一侧，两处同样画垂直于斜线的小短线，前 1.9cm，后 2cm 作为袖山弧线的重要依据（这两个点用淡蓝色表示）。

连接几个蓝色的部分绘制成一个完整顺畅的袖山弧线。

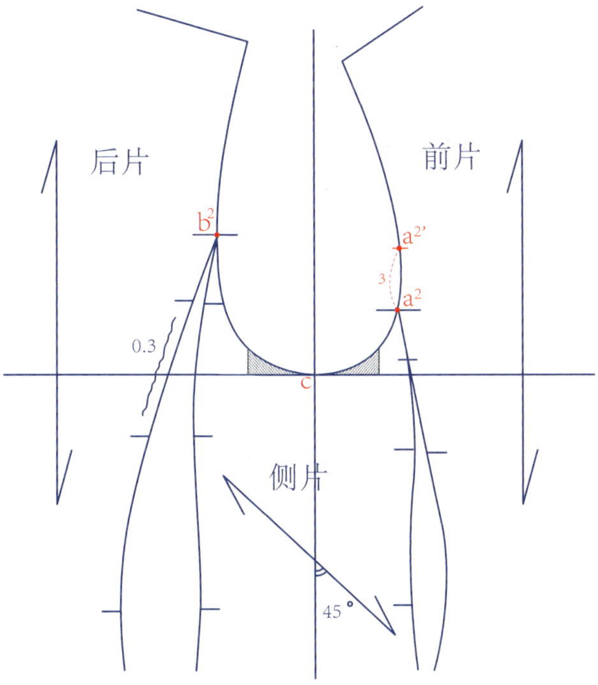

图 5-34

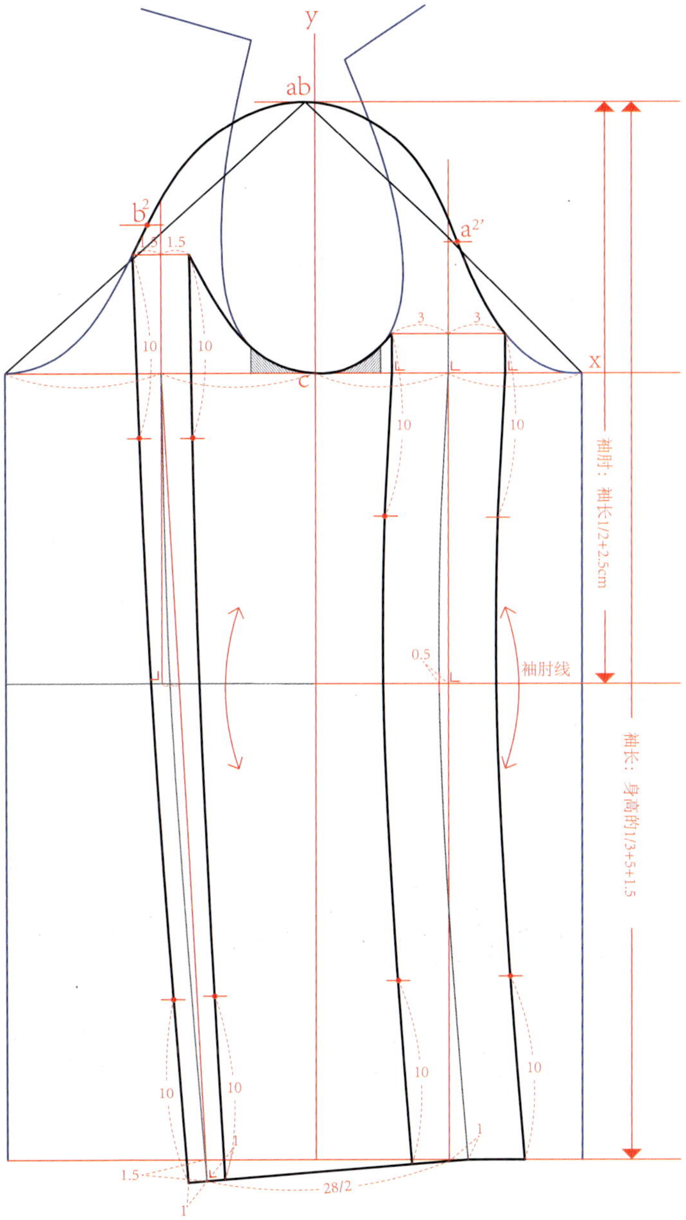

图 5-34：

在基础袖上绘制两片袖。

找出基础袖前后袖肥的 1/2 处，画垂直线，前片画到袖口处，后片画到袖肘线。

前分袖线：

由袖肥中线与肘线交叉点向袖中线放心画 0.5cm 袖口线交叉点向前袖方向移动 1cm。

由前袖中线找到与前袖弧 3cm 点切线，连顺 0.5 点、1cm 点画出前分袖线。

关键点找出连顺先画好前分袖线。

前偏袖线：
平行于分袖线 3cm 等距画好大小偏袖线。

袖口大：
袖口大－成衣胸围的 30% 左右，在此款设计为 28， 绘图按照 28/2 来计算，由前袖分袖线垂直量袖口 1/2。

后分袖线：
由袖肥中线与袖口大连直线，与袖肘交叉处量袖肥垂直线的 1/2 点，顺连袖肥中点和袖口线成为后分袖线。

以后分袖线为中，找出与后袖山弧线水平 1.5cm 点，再找出袖口斜线延伸 1cm 点弧线连顺成为大袖的袖缝线，后小袖缝线由分袖线对称画过来即可。

完善小袖弧线：将小袖袖弧向 c 点画顺，与衣身袖窿形状吻合。

袖山与袖窿的对位记号：前袖对位记号，在袖子 c 点处测量 a^2~c+0.1 画第一个对位记号。
在袖窿 a^2 向上 3cm 处加一个对位记号标 a^{2}’，袖子上由 a^2 向上量 3cm+0.1 为袖子上的对位记号标 a^{2}’。

后袖对位记号，在袖子 c 点处测量 b^2~c+0.3 画后袖对位记号。

袖筒的对位记号：
对称找出大小袖弧线、袖口线，向肘部方向 10cm 画对位记号，分别测量大小袖对应缝合的位置长度，大袖肘部前短后长记录长度，标注归、拔。

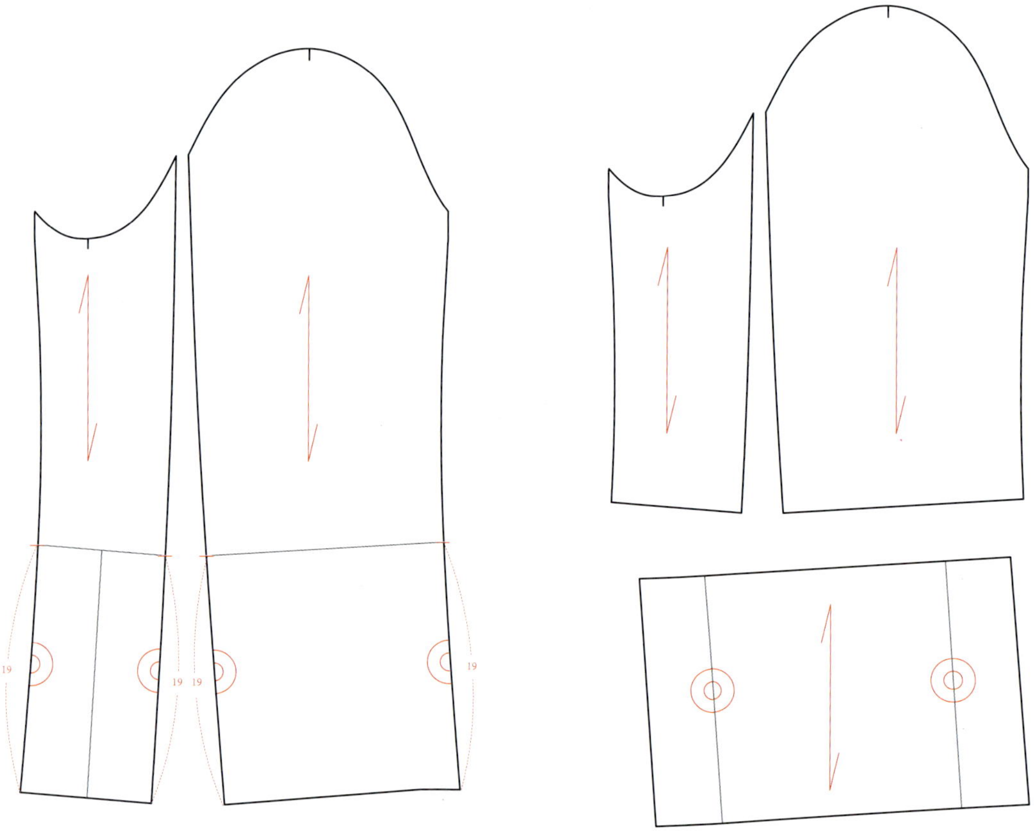

图 5-35

>> **图 5-35** 袖口做破缝线的制版方法。

8. 绘制布版

>> 图 5-36 将标记连线画顺，按照纱向摆放，核对各缝合线，标注扣位、省位、兜位。将三围、衣长、肩宽这些尺寸记录下来留档。

>> 图 5-37 这是将领、领座、袋盖摆放上去的照片。

>> 图 5-38 领、领座的布版。

图 5-36

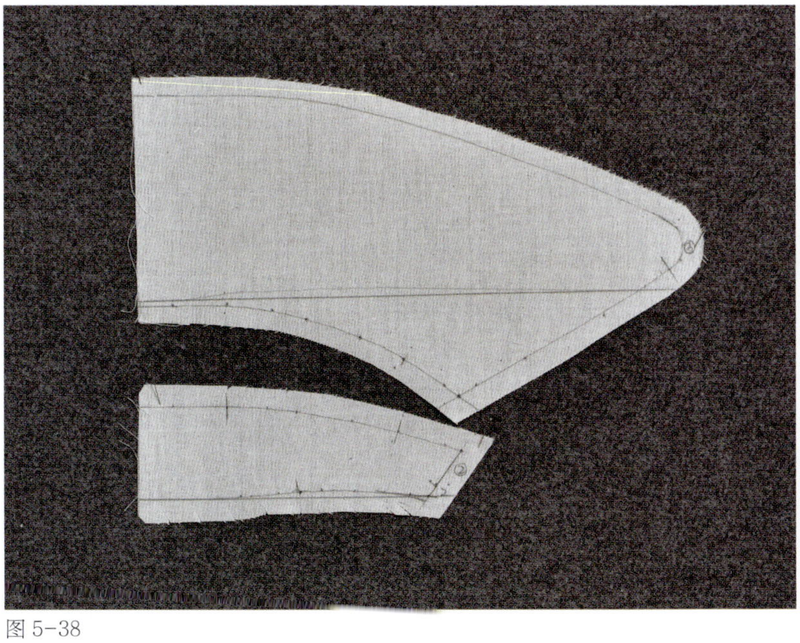

图 5-38

图 5-37

第 6 款

图 6-1

插肩袖风衣

图 6-2

（一）款式分析

此款为双排扣七分插肩袖裙摆风衣，肩章襻、袖带、腰带、前左挡枪布、后幅肩部雨披的设计借鉴了军用风衣的风格。前后片公主线分割结构上身比较修身，没有太多的放量，腰节至胯部与裙身断开，裙摆至小腿，裙褶皱不能太宽，裙摆主要靠侧面放出，侧缝留出口袋位置。插肩袖属于立裁难点，袖在肩部插入衣身后于腋点处转向腋下，此腋点是人体躯干腋点位置，根据款式不同，袖身转向腋下的位置其实并不是恒定的，风格和放量不同都会有不同程度的位置变化，但基本都有前高后低的特点，这样可促使袖子向前摆，比较符合人体特点，操作时需多加观察、练习（图6-1～图6-3）。

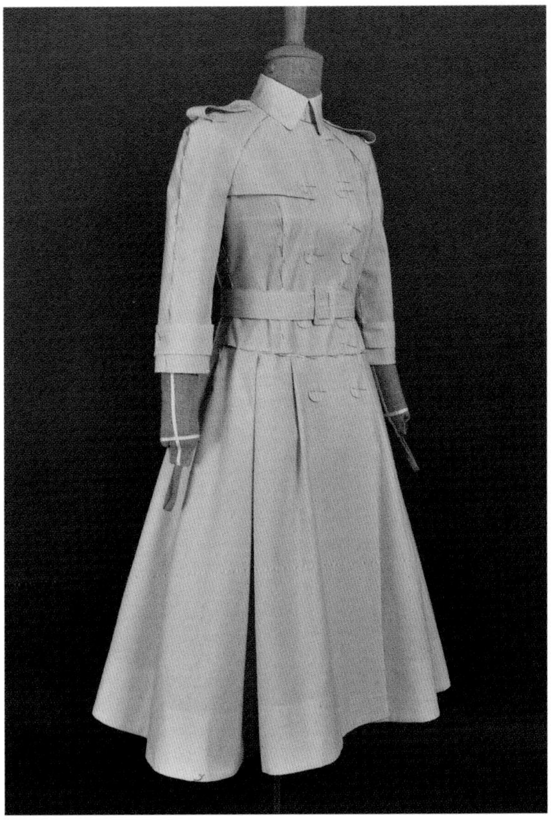

图 6-3

（二）操作步骤

1. 备布（图6-4）

单位：cm

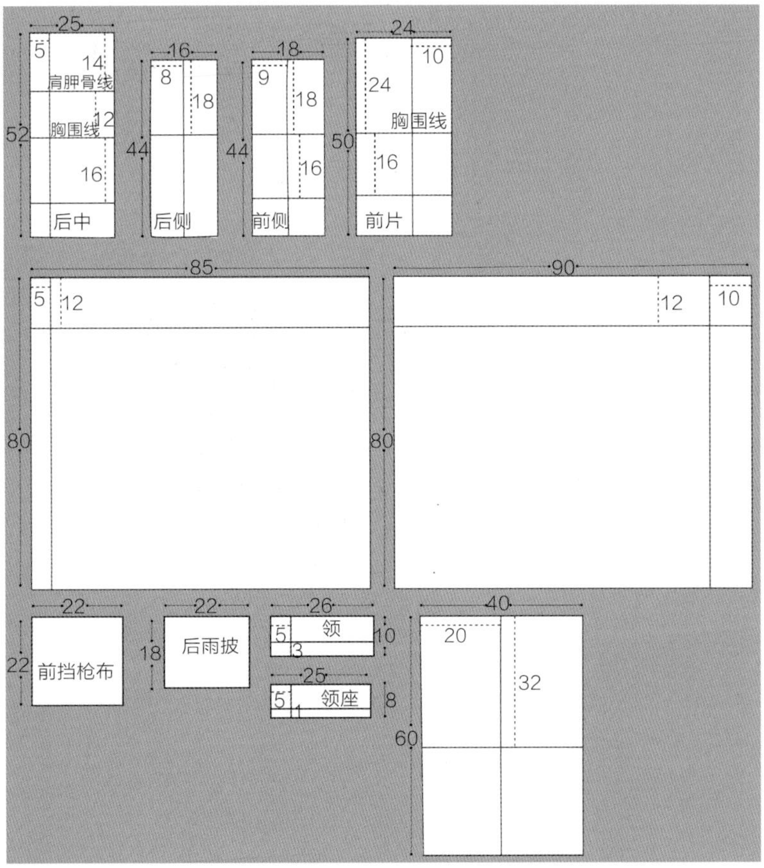

图 6-4

2. 贴人台标记线

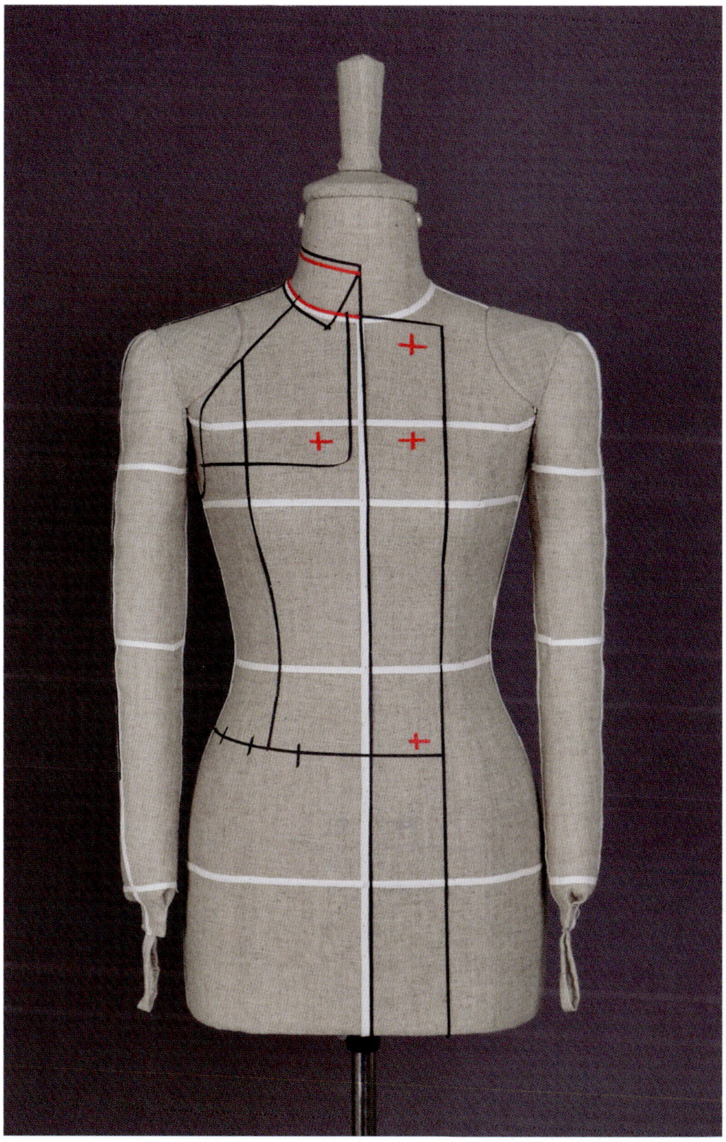

图 6-5

>> 图 6-5 设计好前中双排扣宽度、贴搭门的位置，风衣衣身躯干上半部分主体结构由前中、前侧、后中、后侧四个部分组成贴出标记线。贴出风衣领子、领座的高度和形状，贴出插肩袖分割线位置、前片挡枪布位置。

>> 图 6-6 风衣雨披位置设计与前片挡枪布大小协调，公主线腰节位置几乎等分，领座与领的高度与前片协调。

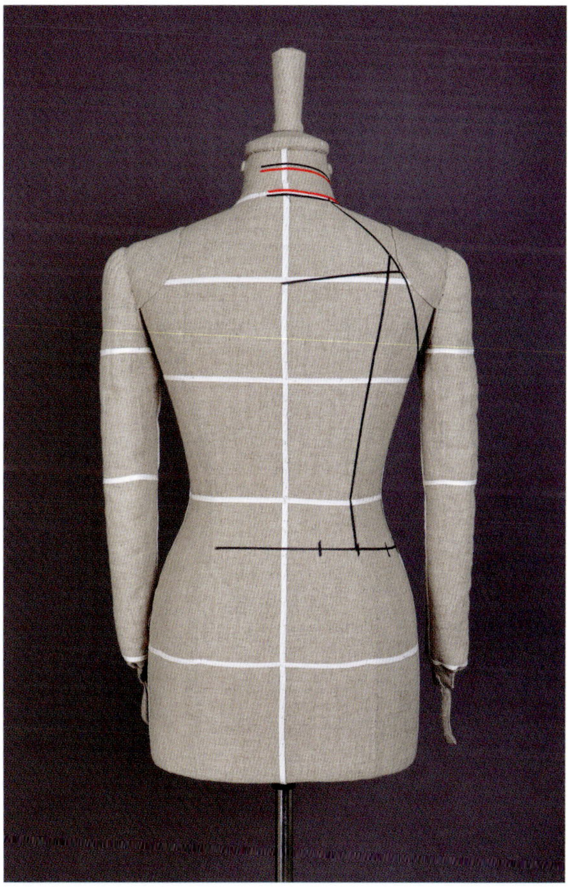

图 6-6

3. 制作前衣身

图 6-7

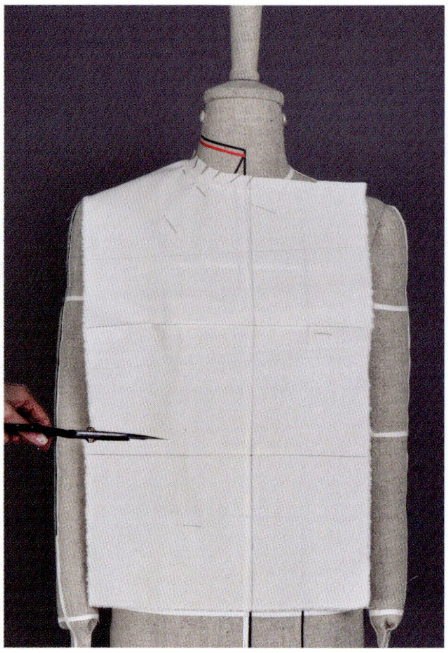

图 6-8

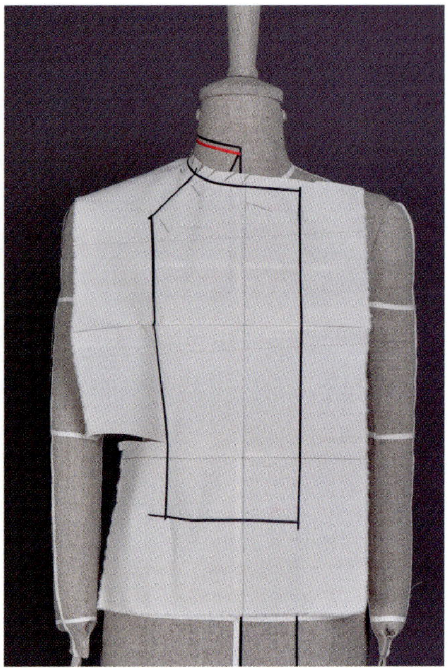

图 6-9

>> **图 6-7** 将备布前中垂直胸围线水平固定在人台上，搭门量设计为 5.2cm 左右。

>> **图 6-8** 领口留锁骨松量约 0.2cm，修剪领口布边留 1cm，打剪口，抚平固定，颈侧抚平别针固定。胸部 0.2 ~ 0.3cm 的松量，收腰处打剪口。

>> **图 6-9** 按照之前的前侧分割位置贴出标记线，将多余的布料修剪掉，留 2cm 左右布边。

>> **图 6-10** 为使领口和下摆处线条顺畅，注意领口处、胯部的贴线与前中垂直线成直角。

>> **图 6-11** 做前侧片时可以先将胸围、下摆的松量在中线处别针确认好，然后在两端与人台固定。

>> **图 6-12** 固定好两端后，再将预别的松量放开，间距 3 ~ 4cm，细别公主线，然后检验一下侧面布料的松量保持度，观察平衡感，不能有明显的斜缕，将多余布料修剪，留 2 ~ 3cm 布边。

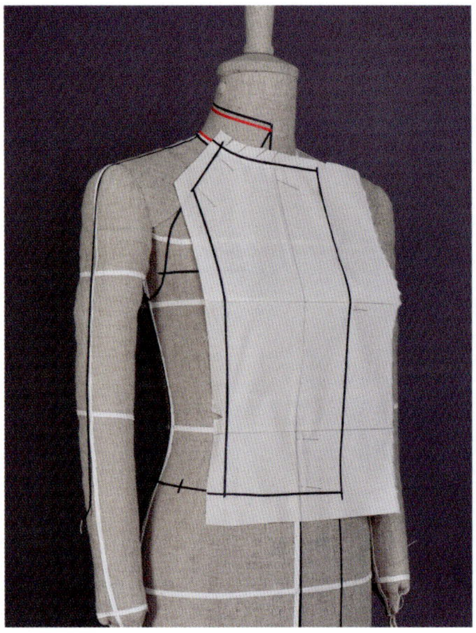

图 6-10

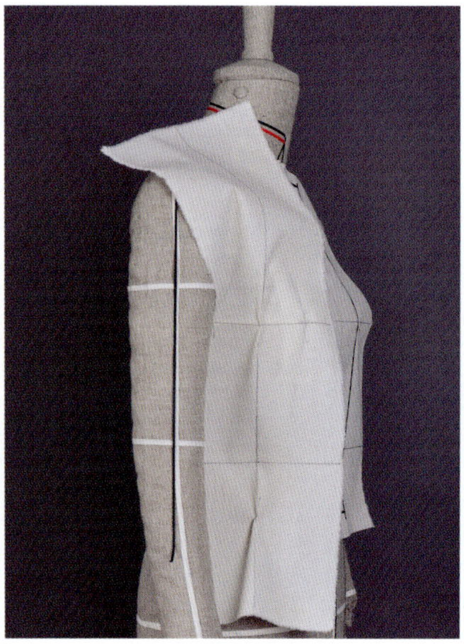

图 6-11

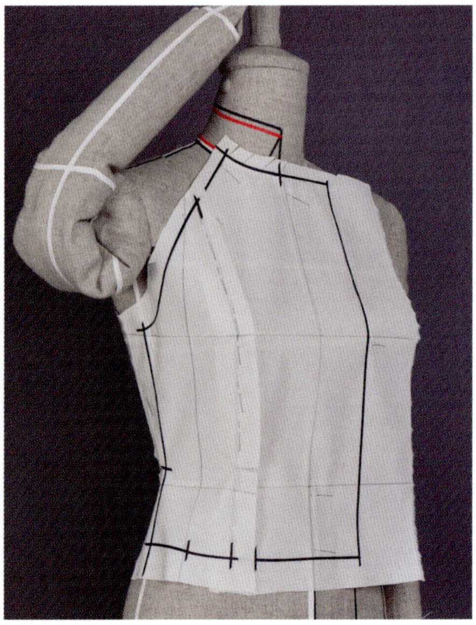

图 6-12

3. 制作后衣身

>> 图 6-13 后片立裁，将备布后中领口、肩胛骨位置垂直固定，肩胛骨水平线固定 8cm 左右，如人台后背肩胛骨弧度量大，且考虑到面料大多带有微弹，肩胛骨处无需过多松量，抚平至背宽处固定。

>> 图 6-14 肩胛骨以下，将布料抚平，稍向后中轻抚，偏离后中原有垂直线偏离 1.5cm 左右，腰节线打剪口。

>> 图 6-15 由肩胛骨的水平线垂直向上抚平，将颈侧点与前片覆盖固定。由于肩胛骨微凸，造成浮起量放置 0.5cm 吃量给小肩线。修身款收腰较大，适当放摆。

>> 图 6-16 贴标记线，腰节线可以稍提高，将多余布料修剪，留 2cm 布边。后侧胸围线松量比前侧稍多，为给后袖向前活动增加松量。

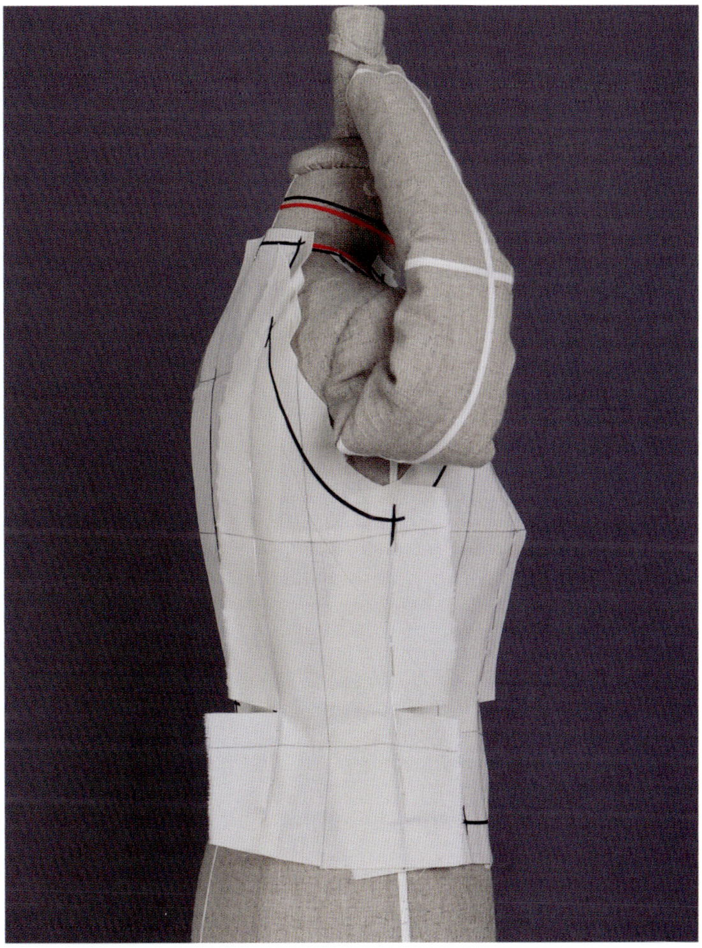
图 6-16

图 6-13

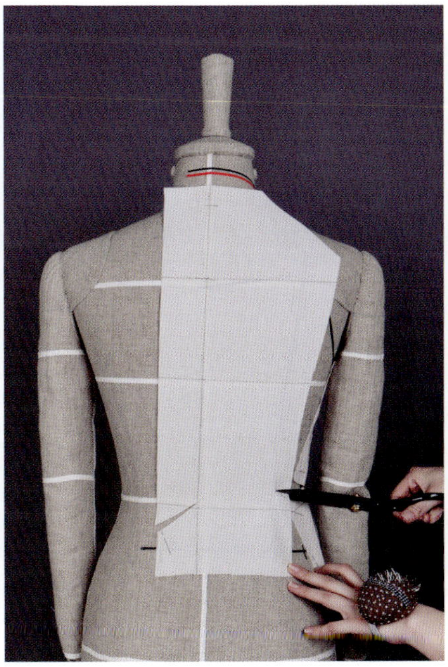
图 6-14

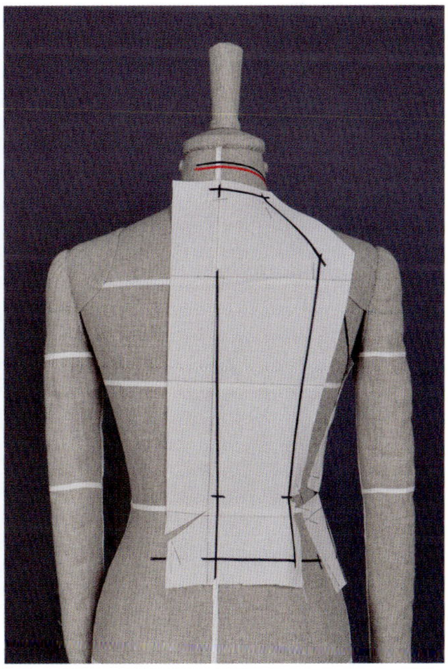
图 6-15

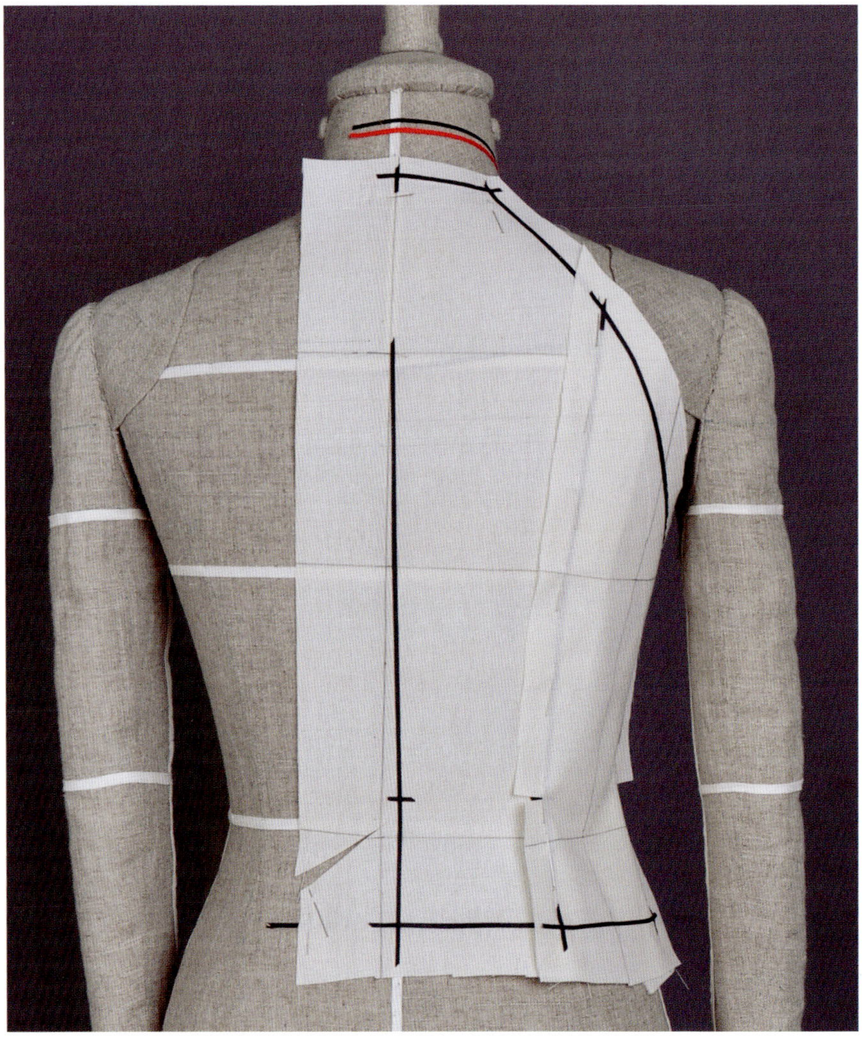

图 6-17

>> 图 6-17 后侧片修剪多余布料，布边留出 2cm，将肩袖分割位置、下摆位置、裙褶位置贴出标记线。

>> 图 6-18 将前腋点插肩袖分割线顺畅贴出标记线。

>> 图 6-19 将后腋点插肩袖分割线顺畅贴出标记线。再次检验衣身的放松量和平衡感。

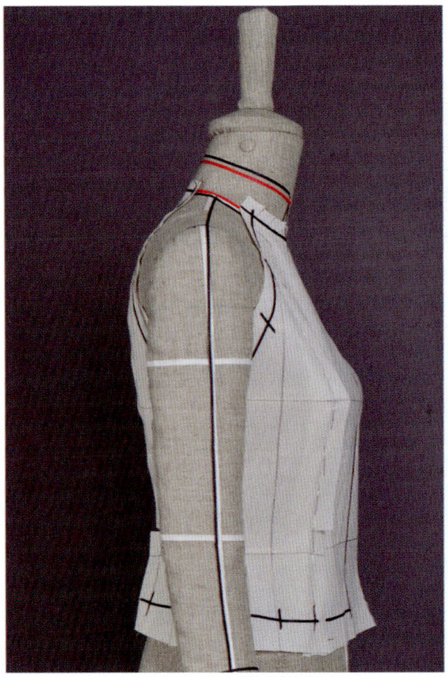

图 6-18

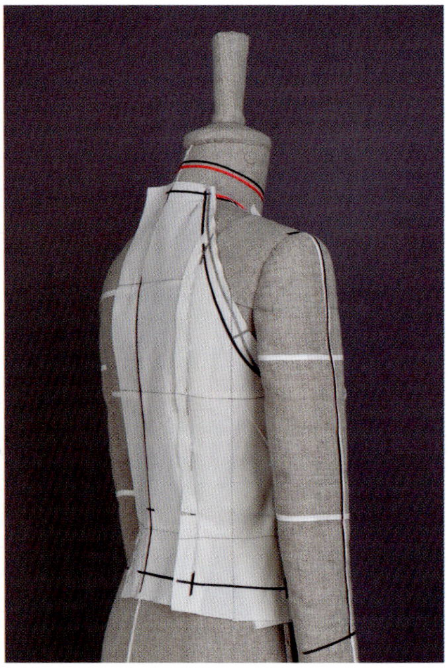

图 6-19

4. 制作袖子

>> 图 6-20 插肩袖立裁，袖中线与手臂袖中对齐，袖肘线位置和手臂一起稍微前倾，幅度大约 0.5cm。

>> 图 6-21 做出前袖袖肥松量，与前衣身的过渡，转折面要留出手臂抬起的松量。

图 6-20

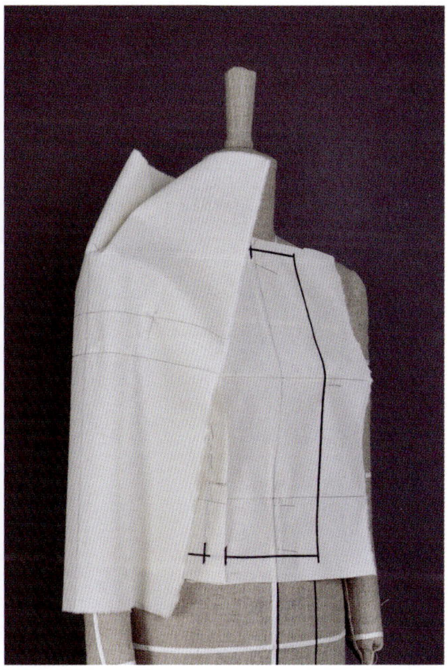

图 6-21

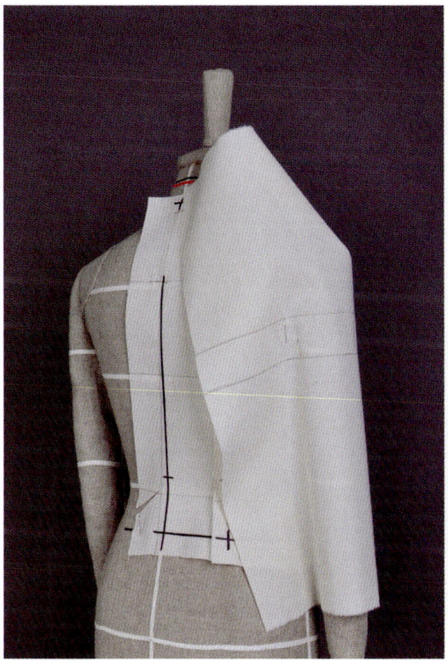

图 6-22

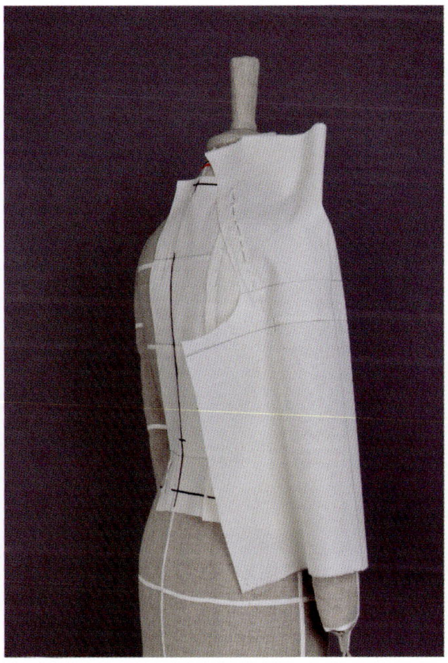

图 6-23

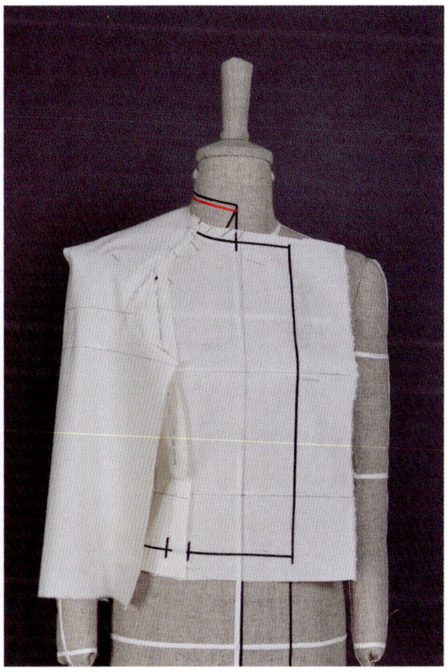

图 6-24

>> 图 6-22 做出后袖袖肥松量，与后衣身的过渡，转折面要留出手臂抬起的松量。

>> 图 6-23 修剪后片肩部与衣身(连接)的弧线，再剪出袖窿弧，注意布边需留 3cm 左右。

>> 图 6-24 修剪前片肩部与衣身连接的弧线，再剪出袖窿弧，注意布边需留 3cm 左右。

图 6-25

图 6-26

图 6-27

>> **图 6-25** 后腋点处打剪口，准备将袖布料转向腋下。这时肩部向上，除必要的空间量外，其他多余布料向肩缝处推过去，成为前肩省。

>> **图 6-26** 前腋点处打剪口，准备将袖布料转向腋下。这时肩部向上，除必要的空间量外其他多余布料向肩缝处推过去，成为前肩省。将肩省留 1.5cm 的布边，其余布料修剪掉。

>> **图 6-27** 布料转向袖窿底时，手臂可轻轻张开，这样得到的袖肥会加大，更符合人体运动的需要，袖子与衣身的连接在腋下处确实较难别针和标记，但也要尽可能精确。

5. 制作裙摆

>> 图 6-28>> 图 6-29 做风衣裙摆，前中垂直固定。腰节线水平与人台对齐。叠出裙摆褶皱，放出足够摆量。

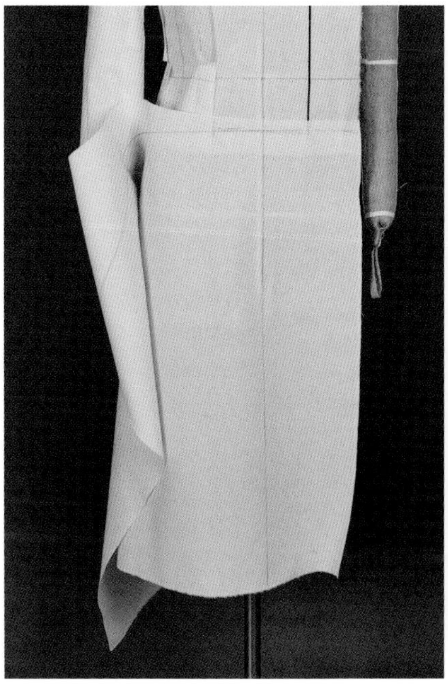
图 6-28

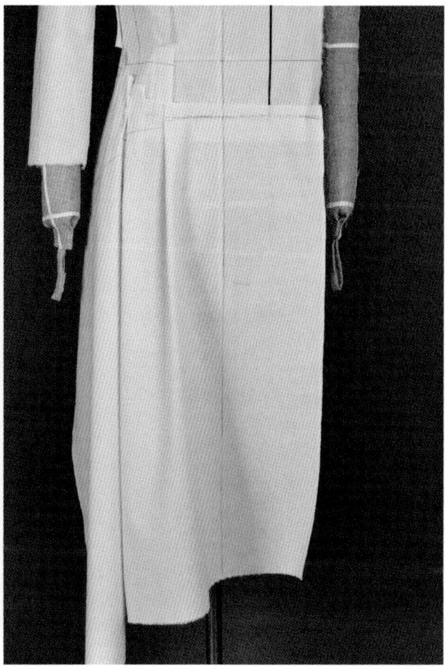
图 6-29

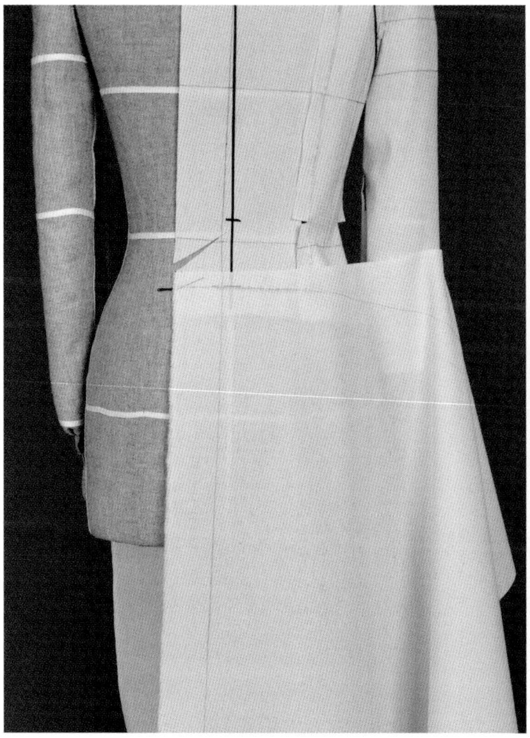
图 6-30

>> 图 6-30>> 图 6-31 后中垂直固定，腰节水平与人台对齐，同样叠出裙摆褶皱，放出足够摆量。

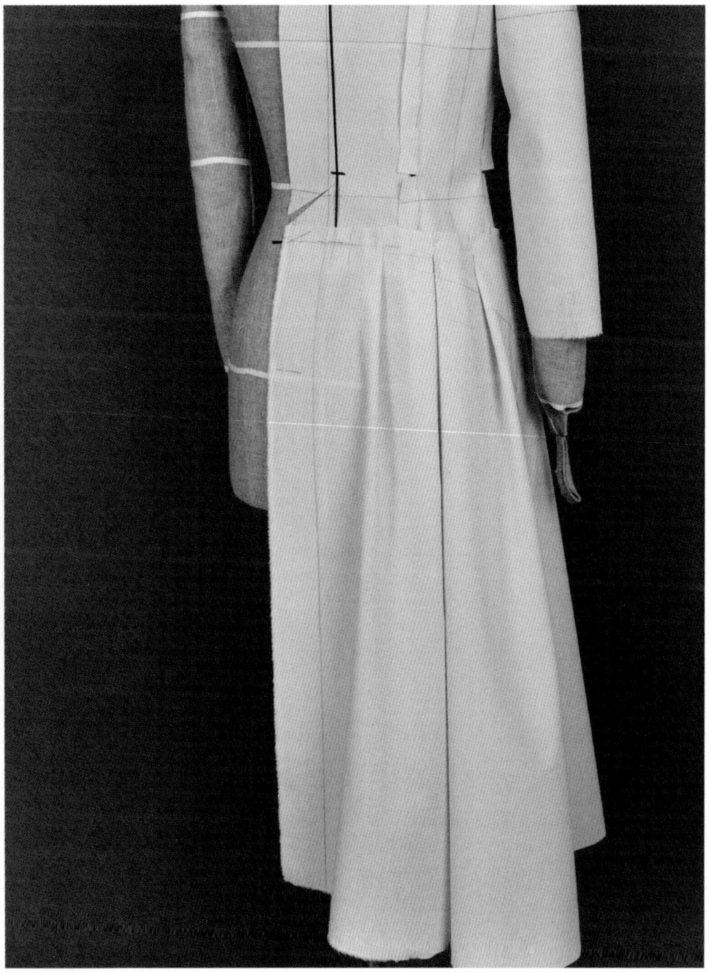
图 6-31

6. 制作雨披

>>图6-32>>图6-33做前挡枪布，布边前中处纱向与衣身一致，再抚平，打剪口固定。雨披呈三角形，短小、俏丽，比例要恰到好处。

图 6-32

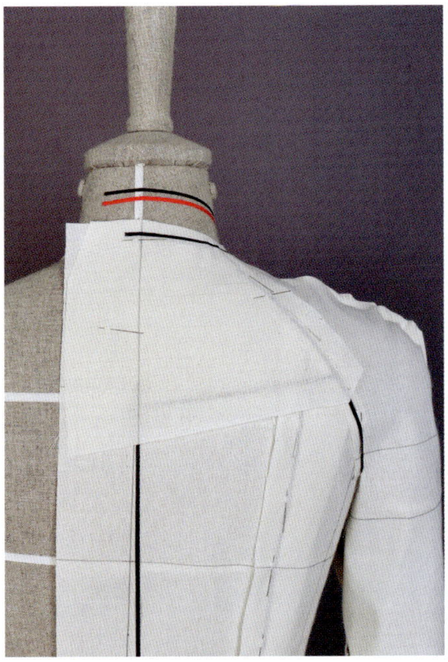
图 6-33

7. 制作领子

图 6-34

图 6-35

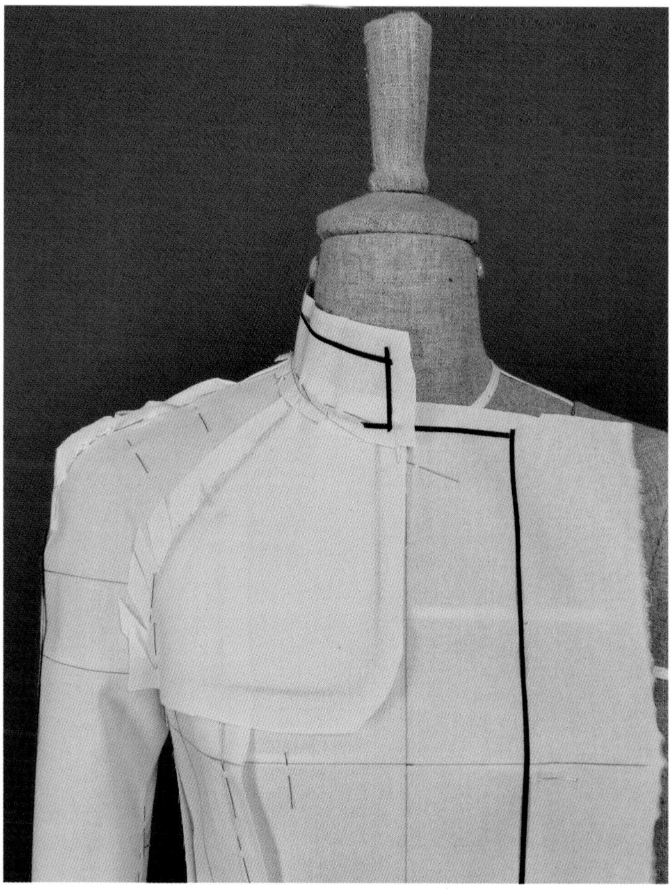

图 6-36

注意：学习立裁，大家应该有一套基本的几何体结构概念作为常识储备。风衣和衬衫这类领座，围绕脖子面积大，观察脖子，是一个上小下大的圆台，因此它的侧面平面结构应该是倒置的扇形。制作领子时，首先判断出布料走向，然后展开立裁，这和我们对于几何体平面结构的判断相关，所以在立裁学习的同时能够尽可能多地了解一些平面制版的知识是大有帮助的。

图 6-37

>> **图 6-34** 将领子备布垂直对齐人台后中，衣身领围线与备布水平线先别针 2cm 左右，对齐重合。由后中开始做领座，后中垂直，水平与领口线吻合别针 2cm。

>> **图 6-35** 领座顺颈侧向前转稍开宽 0.5cm，与脖子之间有一些松量。

>> **图 6-36** 观察上领线，会发现别针位置在备布水平辅助线基础上逐渐上抬约 1cm 左右。领座后中高度在 3.5 ~ 3.8cm，前中 2.5 ~ 2.8cm 贴出标记线。

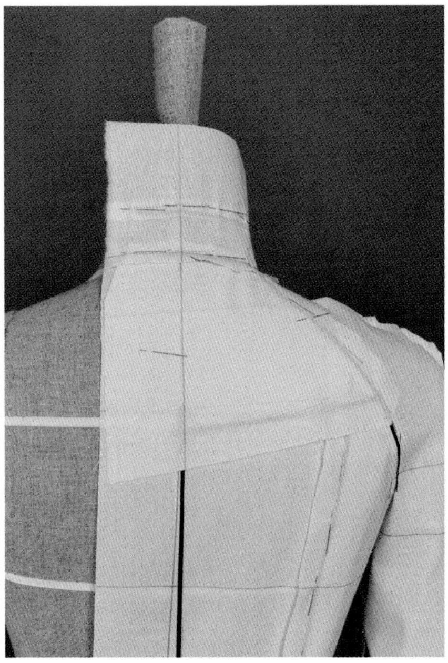
图 6-38

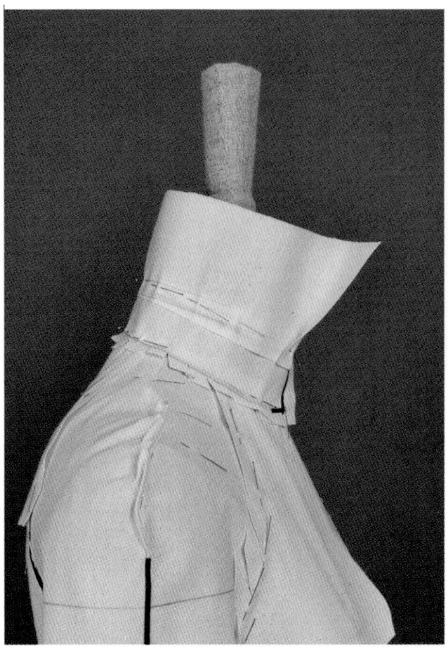
图 6-39

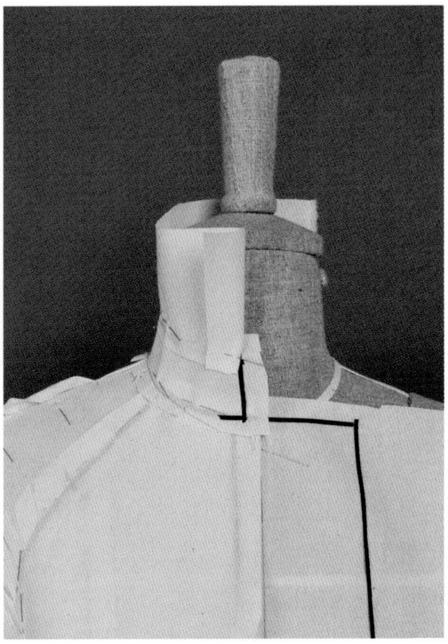
图 6-40

>> 图 6-38 开始做翻领，后中垂直，水平辅助线吻合领座别针 2cm，然后向侧面、前面旋转，观察领子向上呈现的形状是一个倒梯形，较宽大的领外口量才能保证向下扣过来是正梯形。

>> 图 6-39 翻领继续转向前片，在侧面衔接处翻领大于领座 0.4cm。

>> 图 6-40 将翻领放下，观察外口是否平整。

>> 图 6-41 观察侧面领子的形状。

>> 图 6-42 观察外口是否有斜绺，如果是，那是领口过紧或过松导致的，需要靠调整与领座连接处的弧线幅度来改善。

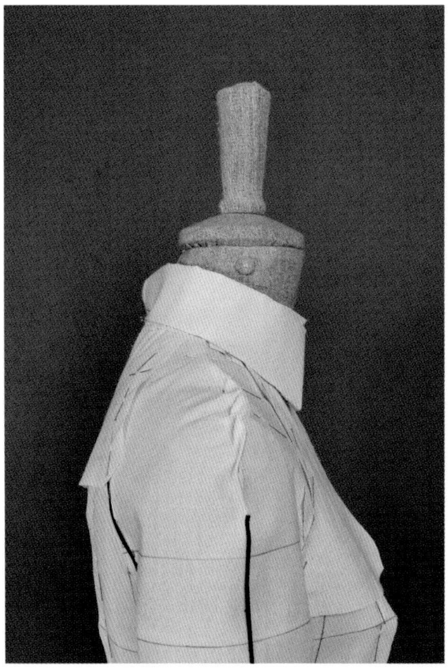
图 6-41

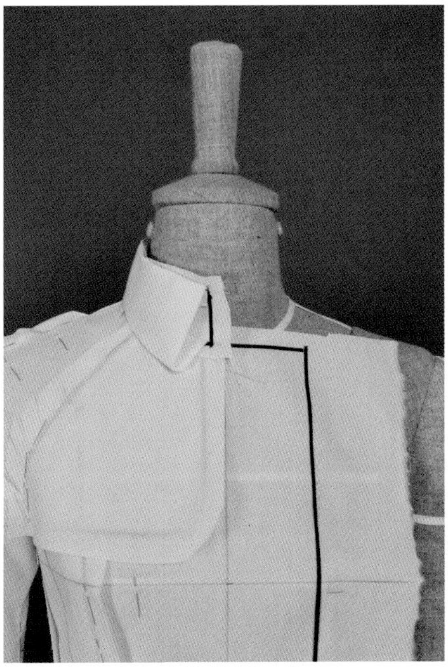
图 6-42

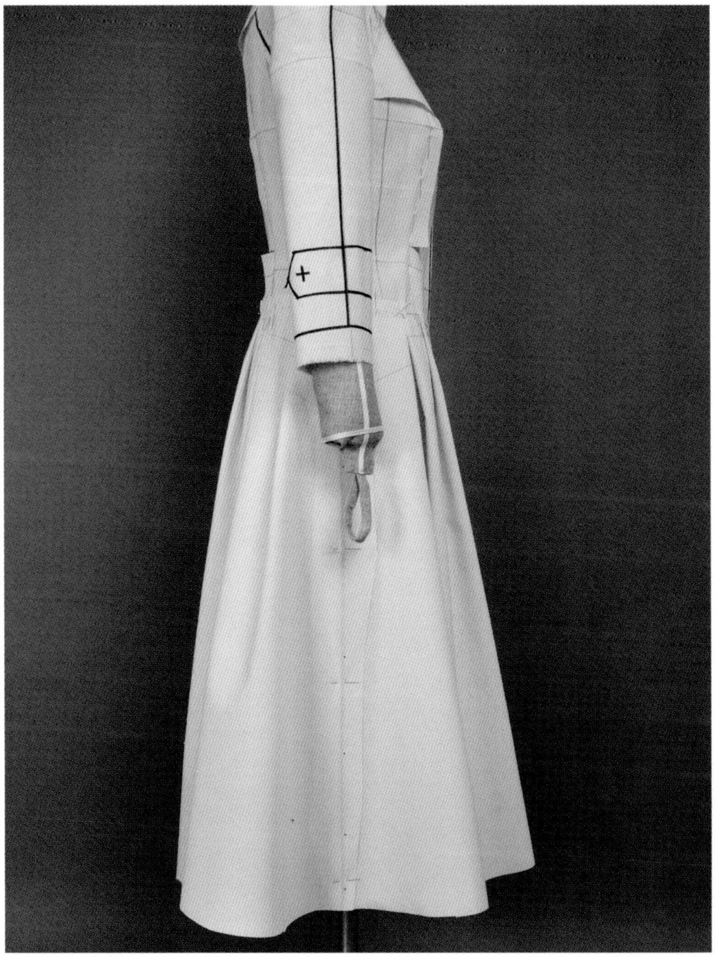

图 6-43

>> 图 6-43 将衣身、前后裙摆、领子等处原先固定位置与松量的针都摘下，观察风衣各部分放松量设计和平衡度，检验确定好后可以把袖中线、袖长、袖口襻位置确定和衣身协调，最后贴出标记线。

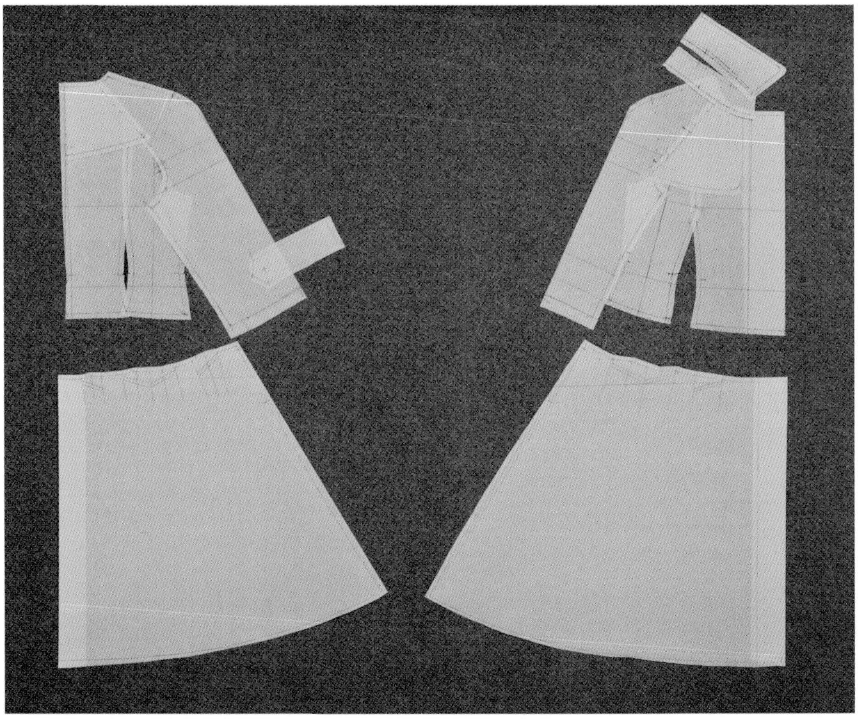

图 6-44

8. 绘制布版

>> 图 6-44 将标记连线画顺，按照纱向摆放，核对各缝合线，标注扣位、插肩袖袖窿线、腋点位置。将领围、胸围、腰围、胯围、衣长、肩宽这些尺寸记录下来留档。

第7款

图 7-1

O 形套裙

图 7-2

（一）款式分析

此款套裙适合采用稍具弹性的仿皮革或针织面料制作，款式细节时尚有趣。短上衣简约大方，前中叠一只较大的褶皱，在下摆处消失，高堆领连身袖配合得当，而小上衣下摆为 A 形，因此上衣整体廓型成为茧形，使穿着者显得非常高挑。

裙是由一片布料制作的小 A 形创意款式，裙摆长度设计建议充分考虑目标客户群的身高和上衣长度的协调感（图 7-1 ~ 图 7-3）。

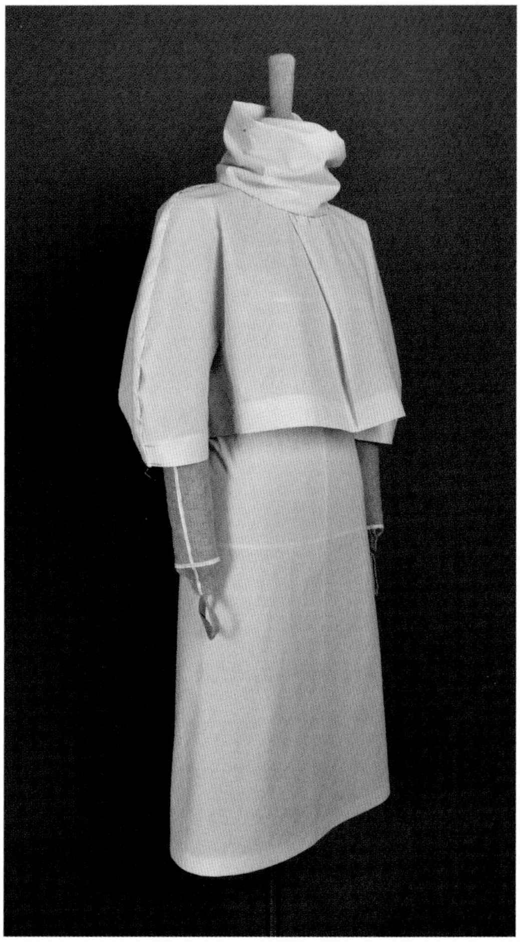

图 7-3

（二）操作步骤

1. 备布（图 7-4）

单位：cm

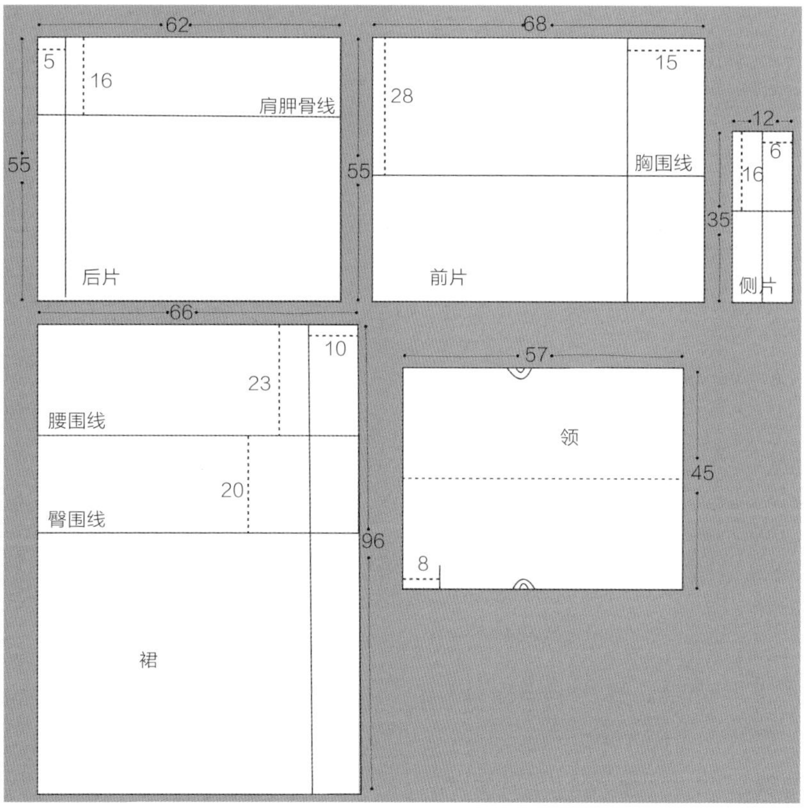

图 7-4

2. 制作前衣身

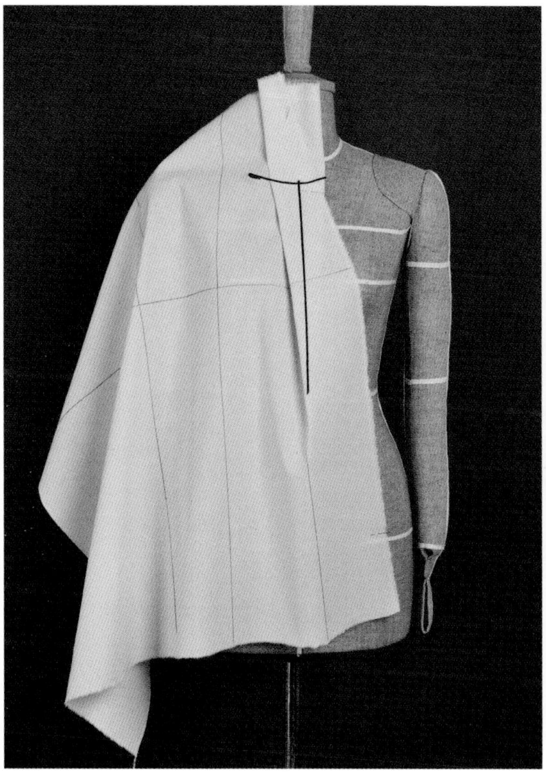

图 7-5

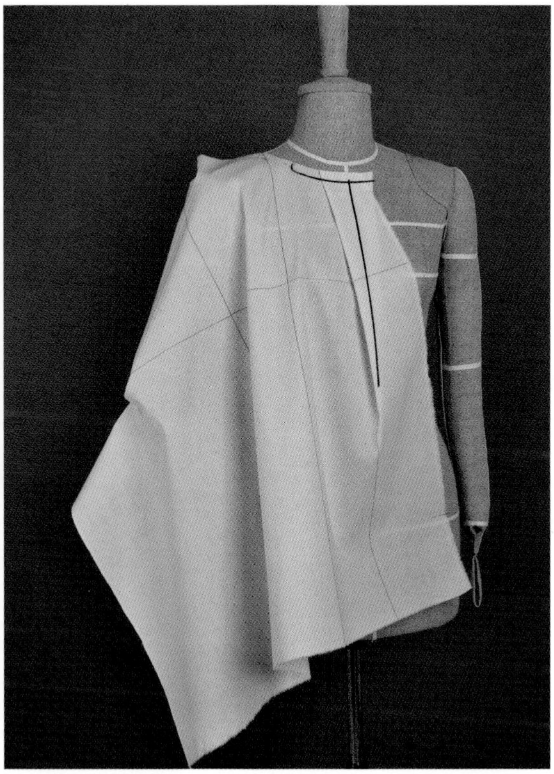

图 7-6

>> **图 7-5** 先叠出领口褶，然后固定肩端点、左右胸点，贴出领口以及前中标记线。

>> **图 7-6** 修剪领口，塑造侧面前胸宽处的上衣的立体量。

>> **图 7-7** 确定好衣长，修剪多余布料，布边留出 3cm。

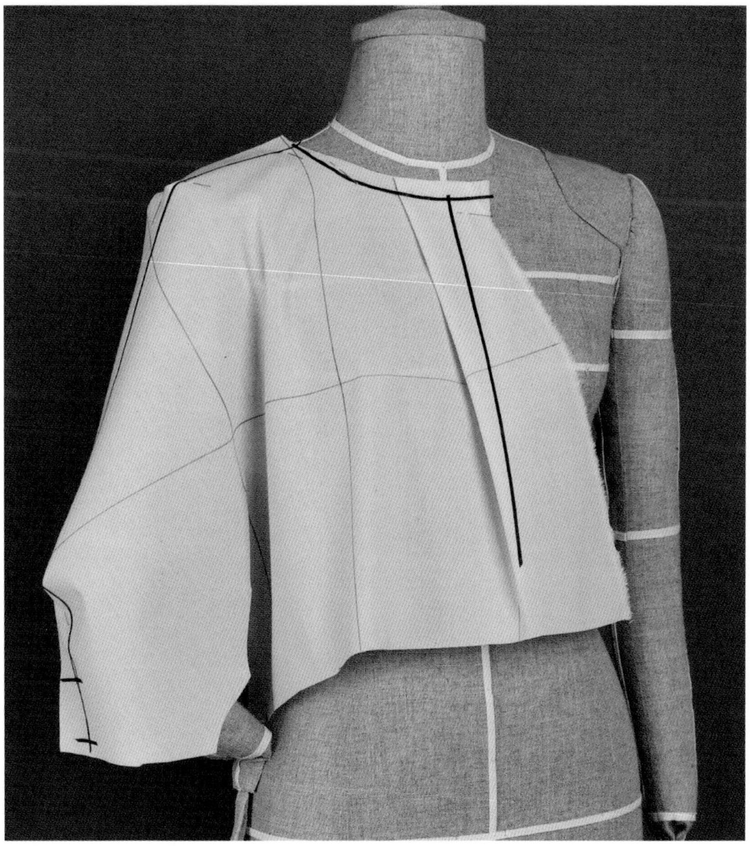

图 7-7

3. 制作后衣身

图 7-8

图 7-9

4. 制作侧片

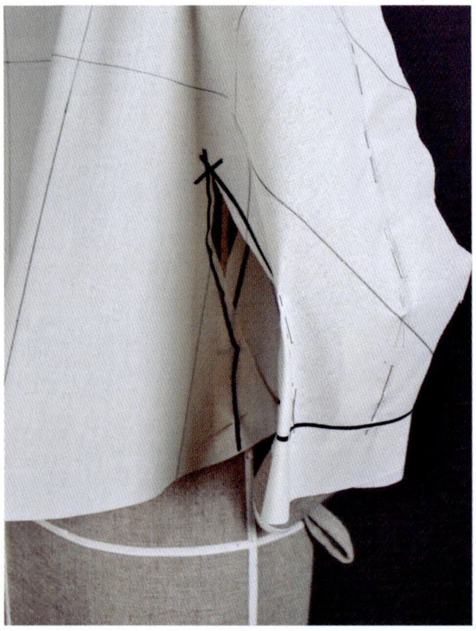
图 7-10

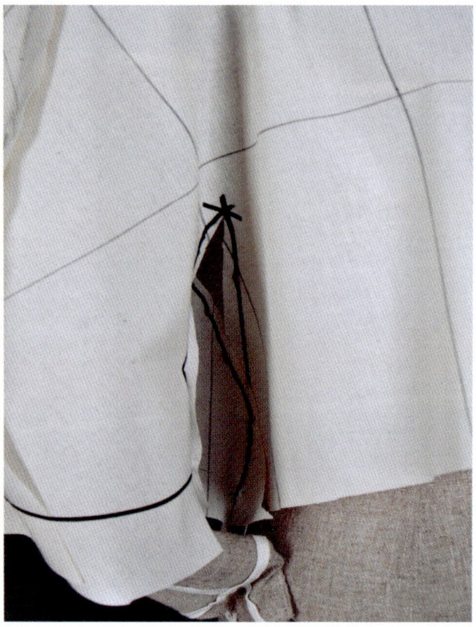
图 7-11

>> 图 7-8 后片立裁，将备布后中领口、肩胛骨位置垂直固定，肩胛骨水平线固定 8cm 左右，使衣身廓型呈现 A 形，肩部仍有浮起量，可在小肩线上转做吃量。

>> 图 7-9 修剪领口，继续塑造侧面 A 形立体量，在后背宽处插一针固定后开始给量。肩胛骨周围浮起量中放置 0.5cm 在小肩线制作袖子，袖子最初呈现 A 形，这时要关注的是袖肘中部的量感，这是肩斜线角度决定的，确定好后别针固定。

图 7-12

>> 图 7-10>> 图 7-11 修剪袖子多余布料，留出 3cm。前后肩缝、衣长修剪好后，开始确定腋下片位置，也就是在做这件上衣由袖到身的内侧面。腋下身袖交叉位置做十字标记，前后腋点高度尽量后片略低。

>> 图 7-12 将腋下片中线垂直放置在衣身侧面，先固定前后身袖交叉点，再将下摆底部、袖子腋下别针固定。

5. 制作领子

>> 图 7-13 领的自然堆积感来自于圆柱形备布的扭曲对合，首先做整个圆柱的侧缝缝合，然后将圆柱两端对合，交错 8cm 左右缝合，这样就可以很自然地形成堆积感了。

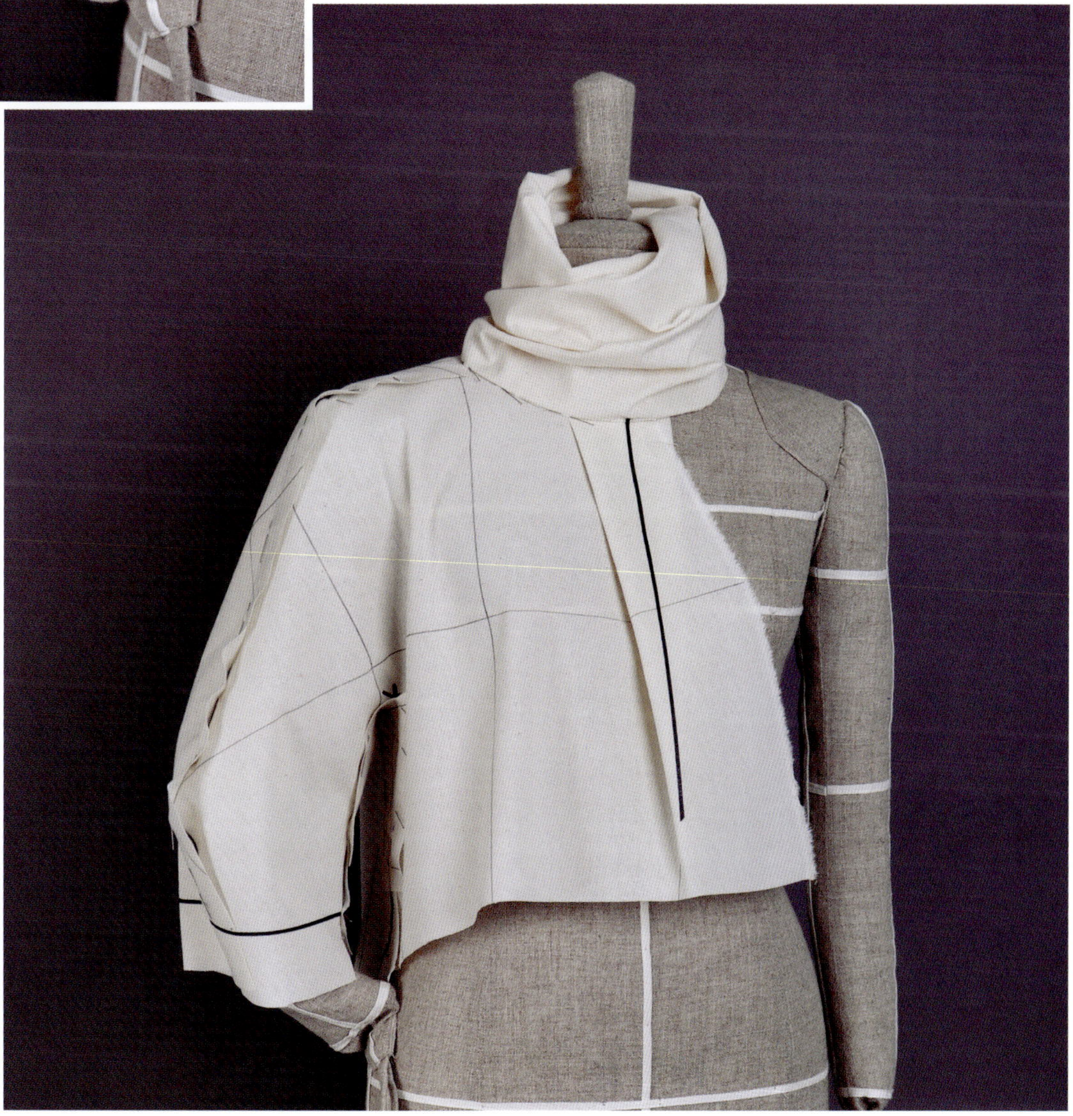

图 7-13

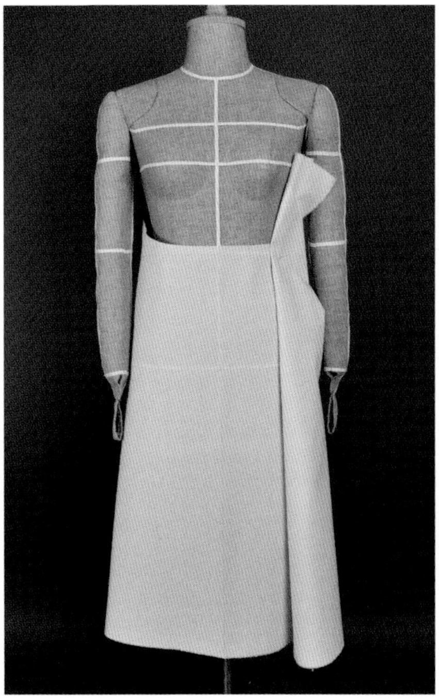
图 7-14

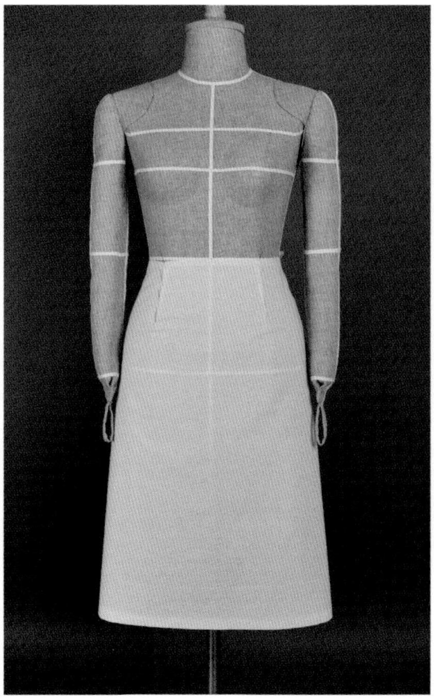
图 7-15

图 7-16

>> **图 7-14** 将裙备布的前中线与人台对合，腰部、臀围线别针固定。腰节由中间向两侧先修剪出弧线，正面塑造 A 形。

>> **图 7-15** 腰臀差值产生浮起量，可以做成腰省，位置设计在前腰节 1/2 偏侧 1.5cm 处，长约 9cm。

>> **图 7-16** 浮起量全部转向后中，如果堆积量不够丰富，可以从腰部以上向下再堆积一些。

6. 绘制布版

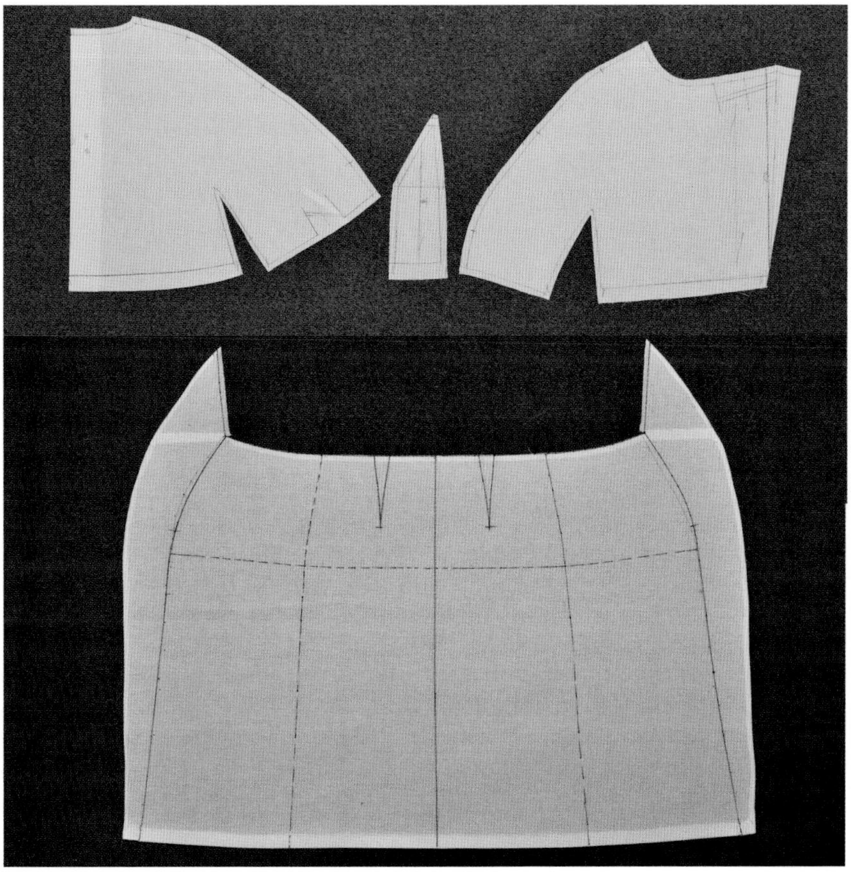

图 7-17

>> **图 7-17** 浮起量转向后中的完成后照片。将标记连线画顺，按照纱向摆放，核对各缝合线，标注褶位置总量、连身袖袖身交叉点，使腋片与衣身各个对应位置的数值吻合。将领围、胸围、下摆、衣长、肩宽、裙腰、裙臀围、裙下摆长、拉链长、裙长这些尺寸记录下来留档。

第 8 款

图 8-1

连肩袖插角裙摆礼服裙

图 8-2

图 8-3

（一）款式分析

这是一款非常唯美的礼服，比较经典的抹胸位置，胸部以斜纱装饰布堆积，更显立体饱满效果，裙摆是由一个个几乎接近等边三角的扇形裙摆参差连接组成。网纱单做一对连起的袖子，这样的遮挡反而令胸部和背部更加性感。各处点缀立体绣花，烘托仙气。做礼服还有更多工序，在此只在立体裁剪制版上有一些讲解（图 8-1 ~图 8-3）。

图 8-4

（二）操作步骤

1. 备布（图 8-5）

单位：cm

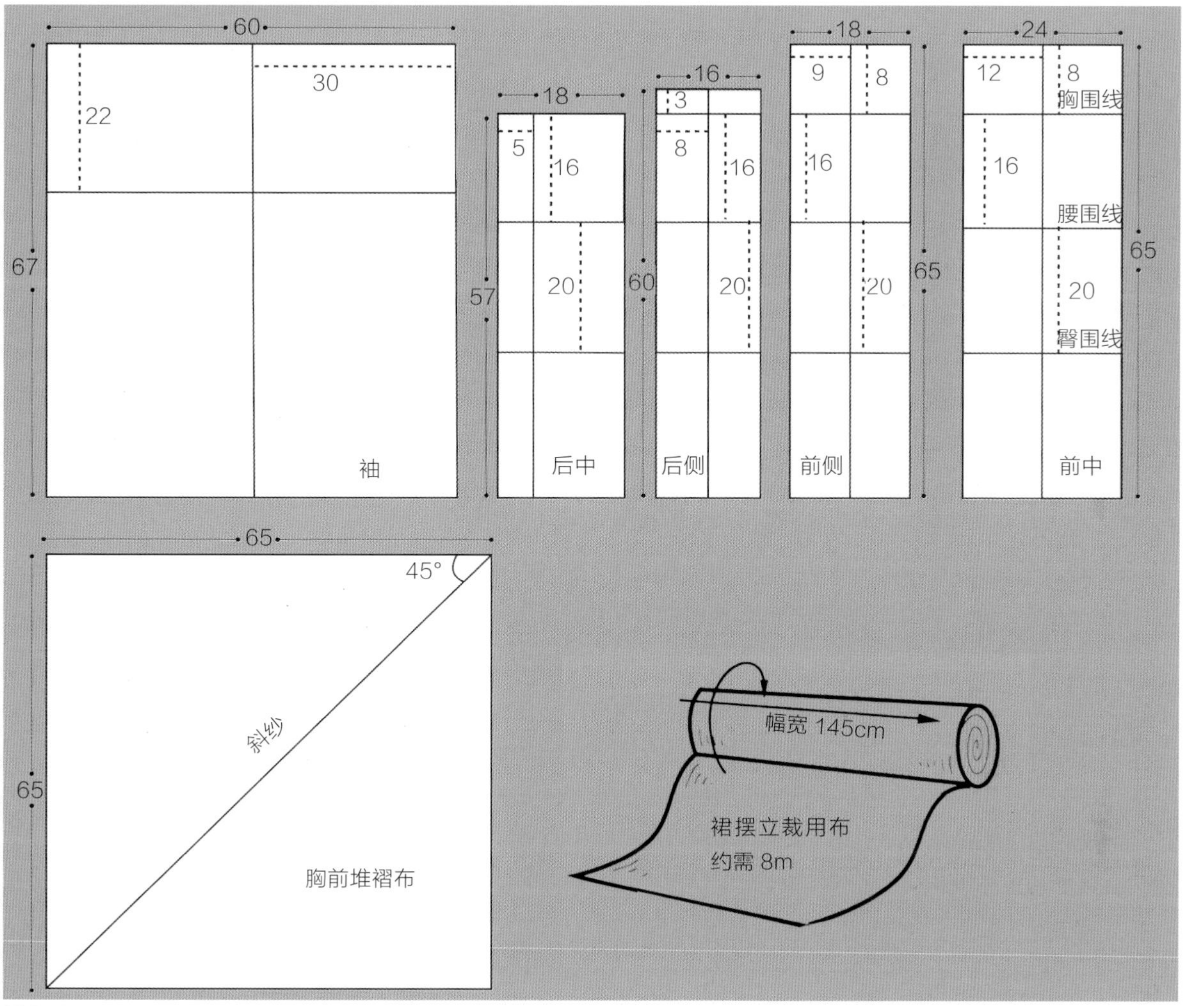

图 8-5

2. 礼服躯干基础型贴标记线

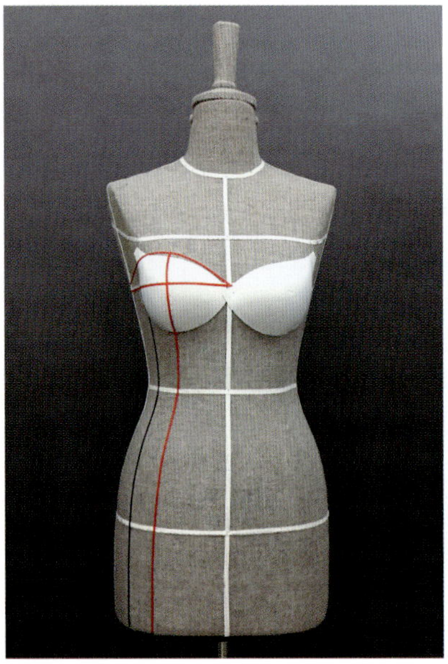
图 8-6

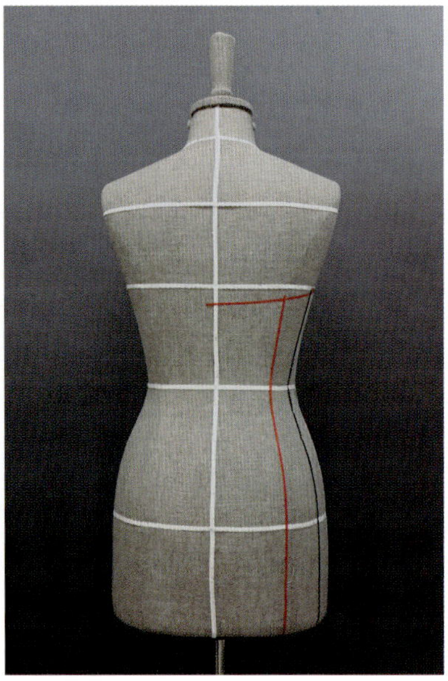
图 8-7

注意：礼服基本型的立裁可以用作面布版使用，也可以用作堆褶布的托底，减去胸垫量后还可以用作里布版，所以礼服基本型的制作非常重要。而胸型几乎是礼服的灵魂，选择适合的胸垫非常重要。

>> 图 8-6 确定前片抹胸止口的位置，要优美顺畅，对称最高处在胸围线向上 6cm 左右。

>> 图 8-7 由前片顺延抹胸止口的位置至后中，后中最低处距离胸围线 2.5cm 左右。

3. 礼服躯干基础型的立裁

>> 图 8-8 将前中垂直胸围水平线对齐人台，在左右胸点处先固定，抹胸礼服上口张开的部分过大容易走光，因而胸部放松量几乎为零。然后将胸上、胸下、腰部、腹部、臀部依次别针固定，贴好标记线。

>> 图 8-9 立裁前侧，先将备布胸围线水平中线垂直摆放在人台上紧凑铺平，在胸上、腰臀位置固定三针，然后几条线的两端别针，确定好平衡后，将胸上、胸下等细节位置固定。

>> 图 8-10 腰节处打剪口，检验别针准确性，修剪多余的布料，布边留 1.5cm。

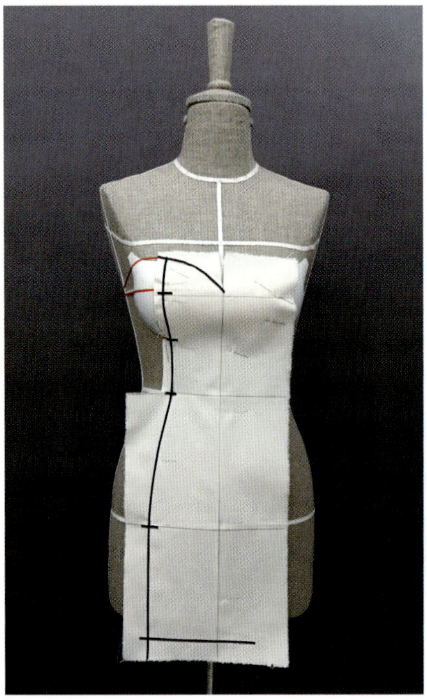
图 8-8

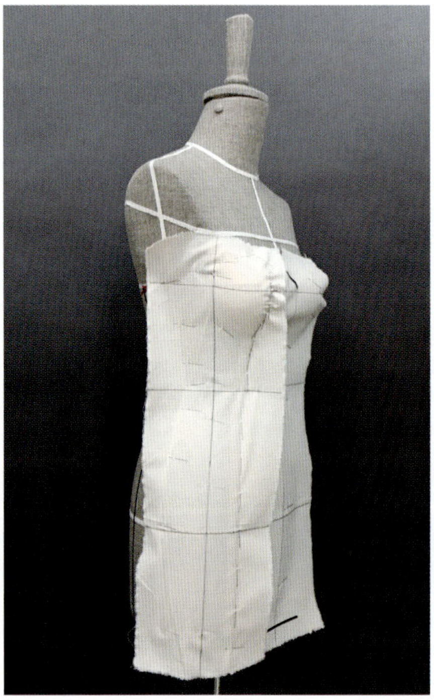
图 8-9

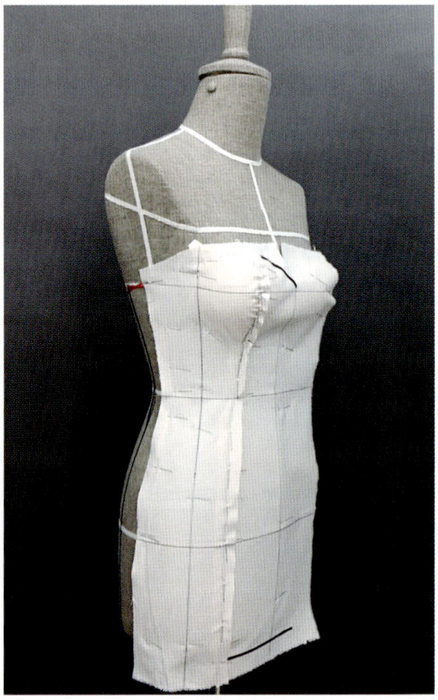
图 8-10

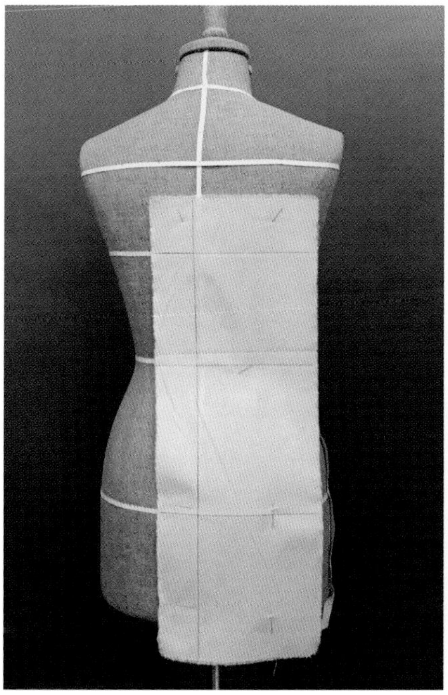
图 8-11

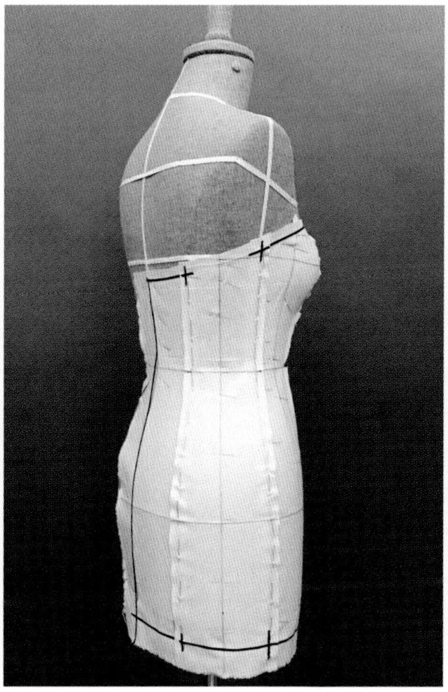
图 8-12

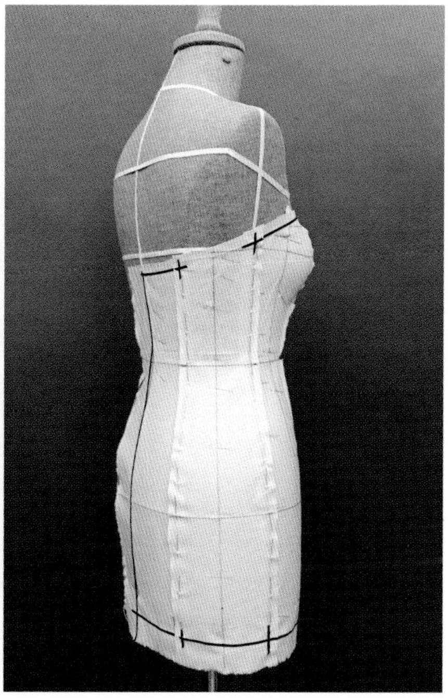
图 8-13

>> **图 8-11** 将后中垂直胸围水平线对齐人台，在左右胸点处首先固定，然后将胸下、腰部、腹部、臀部依次别针固定，贴好标记线。

>> **图 8-12** 立裁后侧，先将备布腰节线水平中线垂直摆放在人台上，紧凑铺平，在胸下、腰臀位置固定三针，然后几条线的两端别针，确定好平衡后将细节位置固定。

>> **图 8-13** 腰节处打剪口，检验别针准确性，修剪多余的布料，布边留 1.5cm。基本型这里只做到胸腔的部分，根据款式可以接适合的鱼尾或是 A 摆。

4. 绘制礼服布版及组装样

>> **图 8-14** 将标记连线画顺，按照纱向摆放，核对各缝合线，标注胸围线、腰围线、臀围线位置，将胸上围、胸围、腰围、臀围这些尺寸记录下来留档。

>> **图 8-15** >> **图 8-16** 组装样。

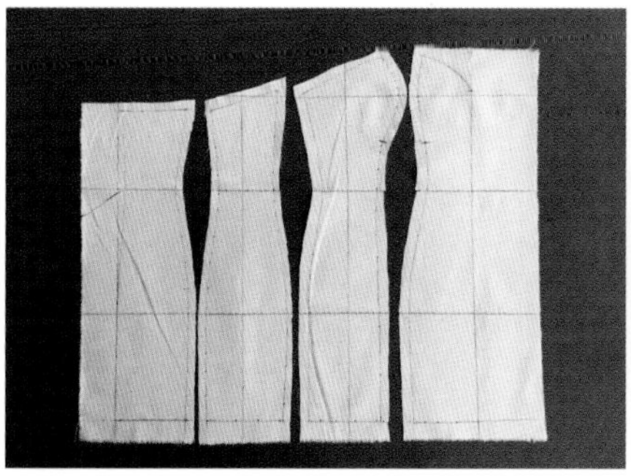
图 8-14

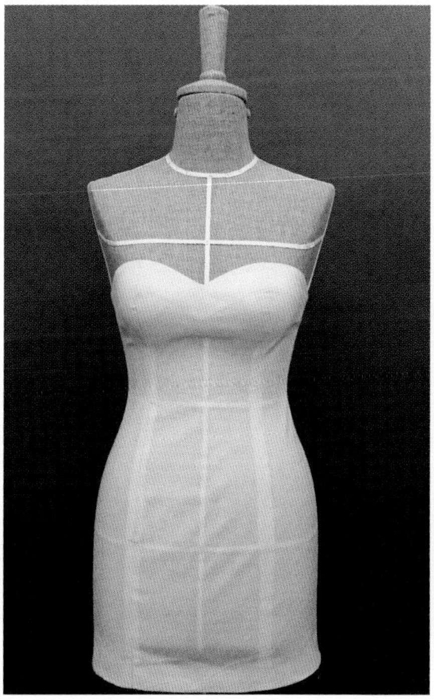
图 8-15

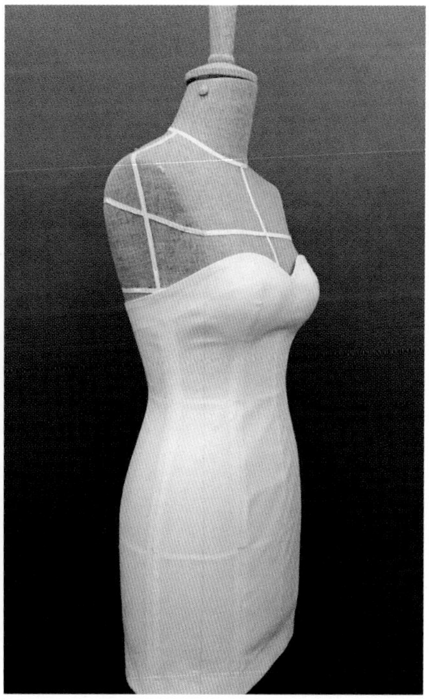
图 8-16

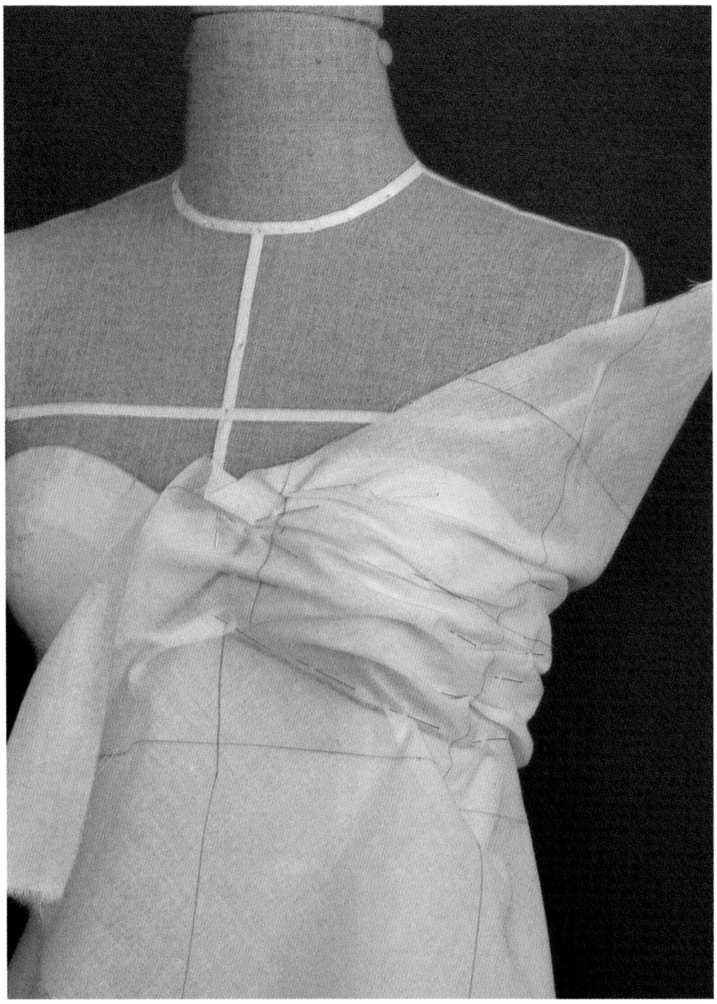

图 8-17

5. 制作胸部堆积褶皱装饰

>> **图 8-17** 首先将斜纱的中线垂直放置在需要装饰的位置，先做左侧堆积褶皱，用手指尖交错品字形点按面料向上推进，装饰面料放松才能有立体感。

>> **图 8-18** 使胸周围边缘的叠褶更大一些，实际是在消化胸浮起量，也可以说明胸省。褶皱顺畅无明显排列和次序感，以呈现尽可能的自然肌理效果为佳。

>> **图 8-19** 后背效果要与前片一致，因为较平坦所以边缘叠褶量相比胸周小一些。

>> **图 8-20** 第一片褶皱做好后，开始做右侧装饰褶皱。

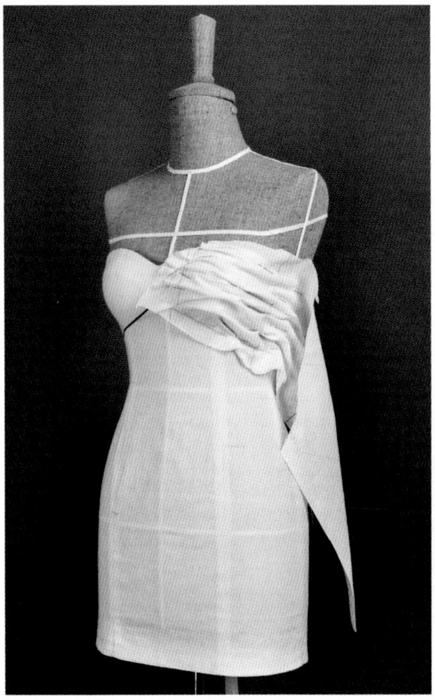

图 8-18

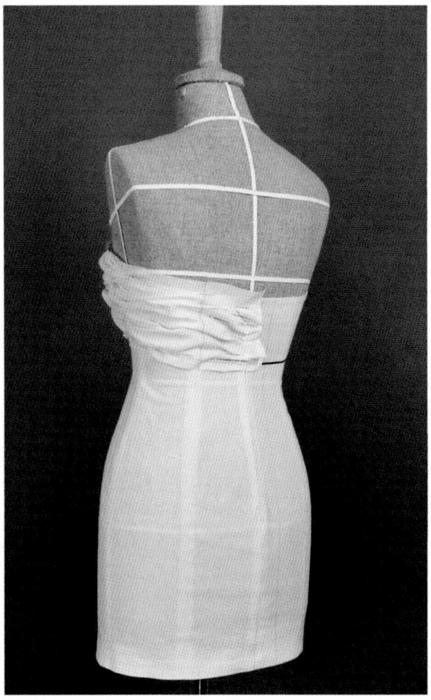

图 8-19

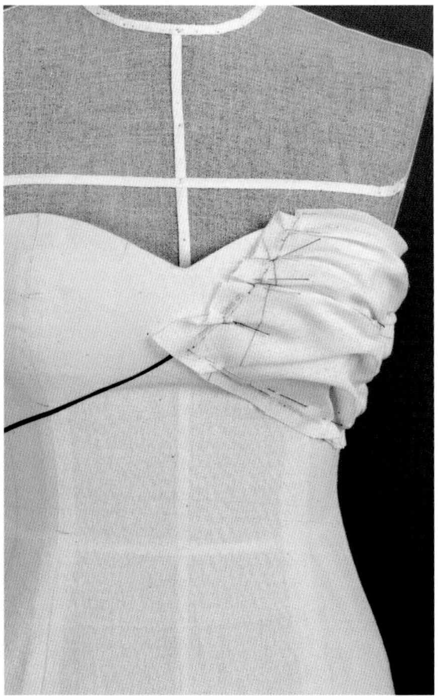

图 8-20

图 8-21

>> **图 8-21** 将斜纱的中线垂直放置在需要装饰的位置，先做左侧堆积褶皱，用手指尖交错品字形点按面料向上推进，装饰面料放松才能有立体感。褶皱按照抹胸衣片的走向堆积，完成半成品需手针固定。

>> **图 8-22** 右侧叠褶完毕后修剪多余布料，留布边 1cm。

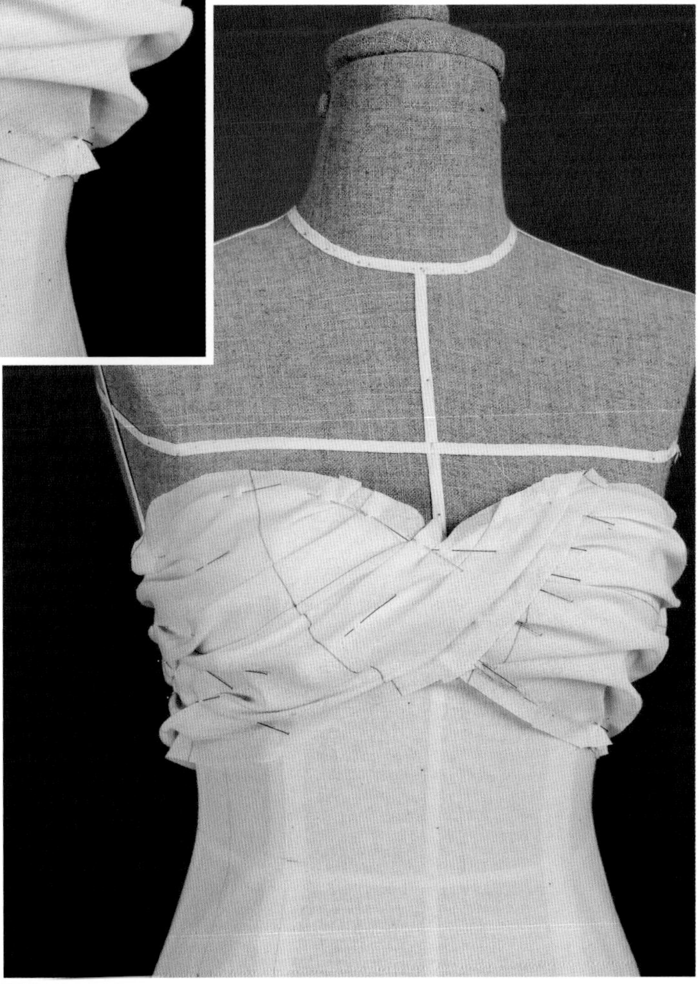

图 8-22

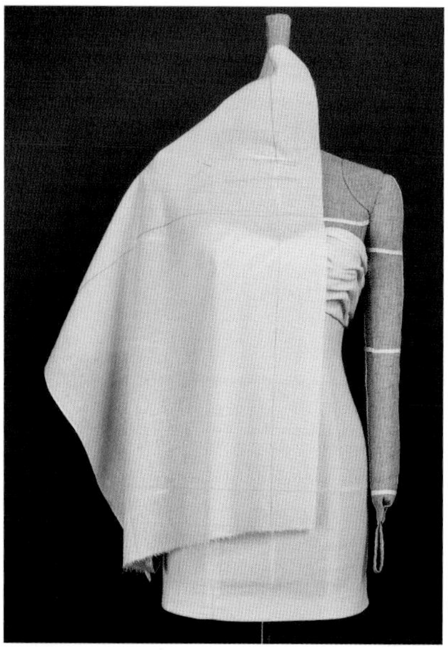
图 8-23

6. 制作袖子

>> 图 8-23 一字领的两只连袖直接套头穿着即可，纱向或纹路明显的可以从袖中线垂直摆放开始，如果没有很明显的就可以从前中开始立裁。首先将备布前中垂直与人台对齐，领口到肩部抚平。

>> 图 8-24 修剪领口、胸前多余布料，确定好前袖袖肥，固定袖中线和腋点位置，然后顺势固定前袖肘、袖口位置，伏贴别针。

>> 图 8-25 将袖肥转向后袖伏贴手臂围，接着将后腋点、后中固定，因为肩部矩形结构的原因，肩膀上出现的浮起量非常大，将此量制作肩省，然后修剪。

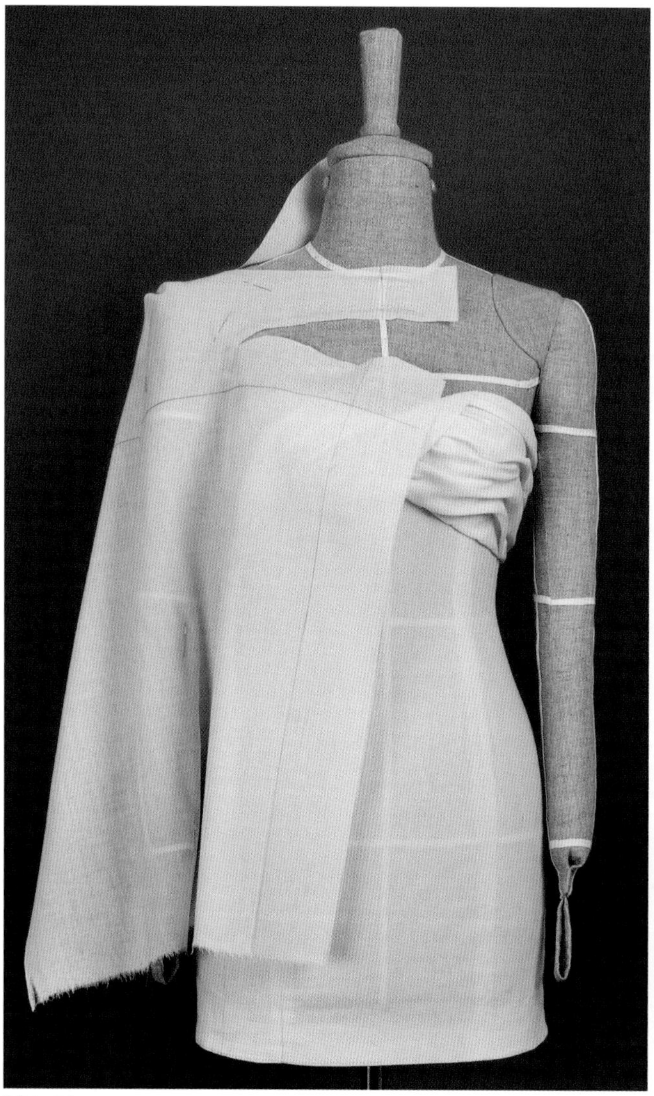
图 8-24

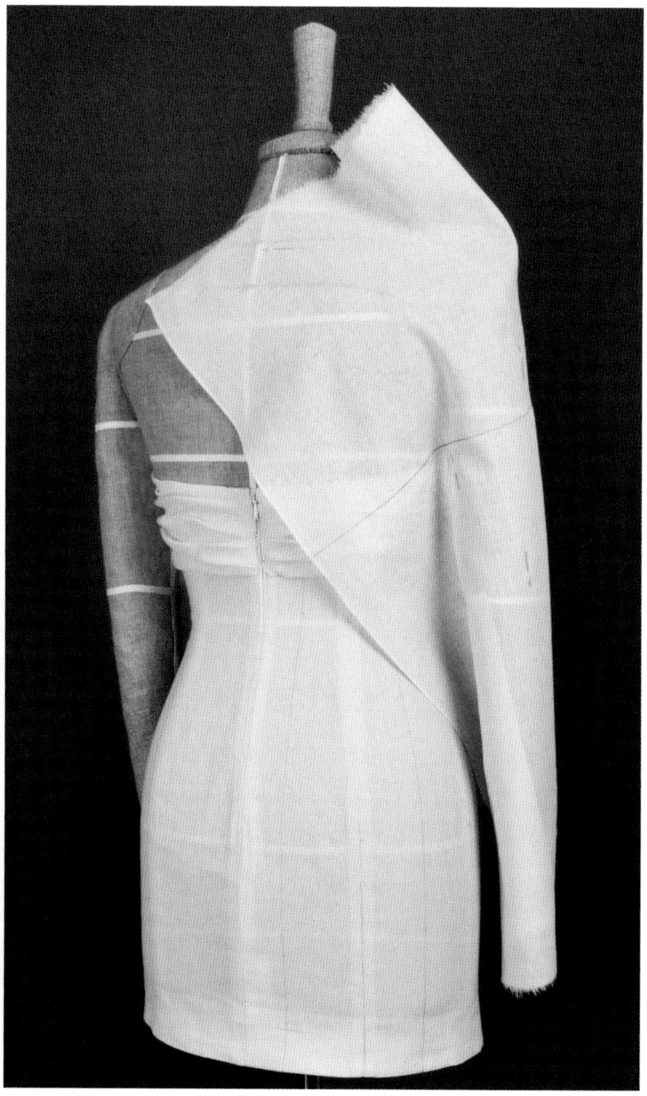
图 8-25

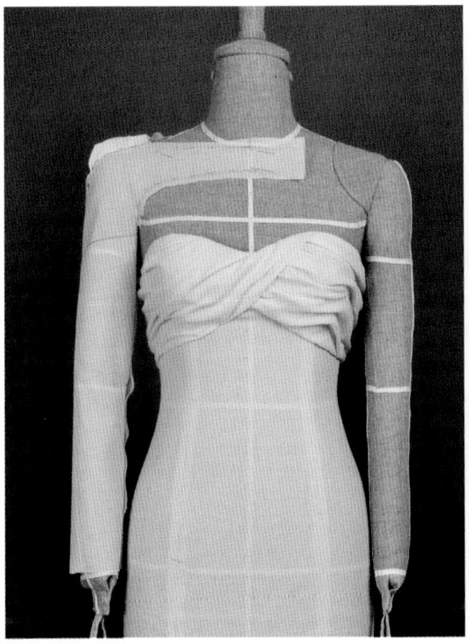
图 8-26

图 8-27

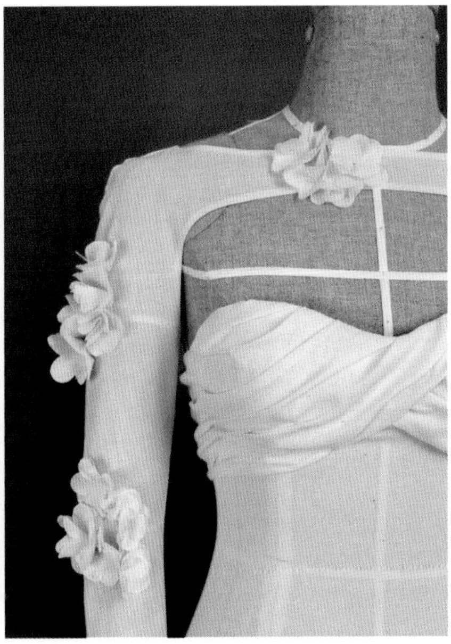
图 8-28

>> **图 8-26** 修剪整理后的袖子前片。手臂有向前倾的弯势，前袖内缝较短，为 0.5 ~ 0.7cm，因而可以看到后内缝合并过来之后，在袖肘中部吃进布料。

>> **图 8-27** 袖子由腋下转向胸前，要求圆顺严实，不漏腋下的赘肉，这一点非常重要，所以袖子内侧的弧线不适合挖深，胸围线向上 2cm 深度即可。

>> **图 8-28**>> **图 8-29** 由正中观看，肩省由肩宽处下落 2cm 左右消失（同样的外观和伏贴度要求，袖子还可以由袖中线开始立裁，而转向前后中的布料可根据立体花的位置进行破缝拼接）。

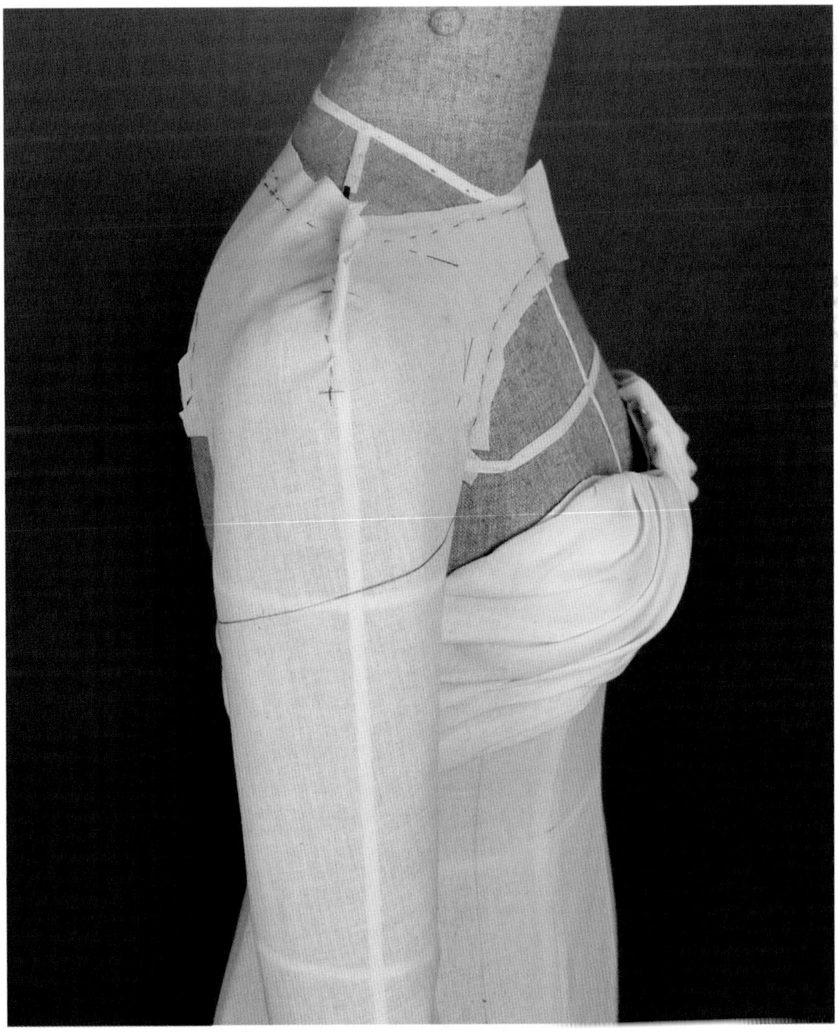
图 8-29

图 8-30

6. 制作裙摆

图 8-31

图 8-32

>>图 8-31 裙摆由一个个几乎等边的三角形布料制作，中间经纱，高低交错出现，最后形成丰富的裙摆。这个立裁的步骤是由设计到实施摸索的过程，托底的礼服基型版不需要过长，裙摆完成确认好最佳位置和比例后，就可以标记了。

>>图 8-32 这是全部固定好的状态，裙摆高度决定裙廓型，是非常重要的细节。

>>图 8-33 修剪裙摆下摆。

图 8-33

7. 绘制布版

>> **图 8-34** 绘制袖子，将标记连线画顺，按照纱向摆放，核对肩省，测量袖缝差值，标注与衣身腋点对位记号。

>> **图 8-35** 合胸点、腰节线、对位记号。由于裙摆过多，在此没有全部拍照，只拍了一大一小两个裙摆，然后标记。核对胸点、腰节线的对位记号。

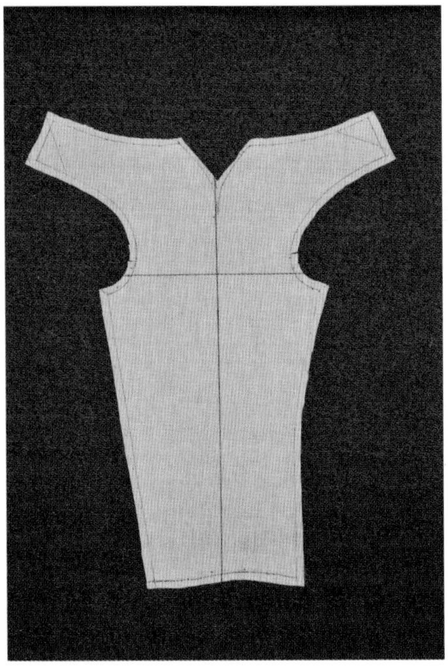

图 8-34

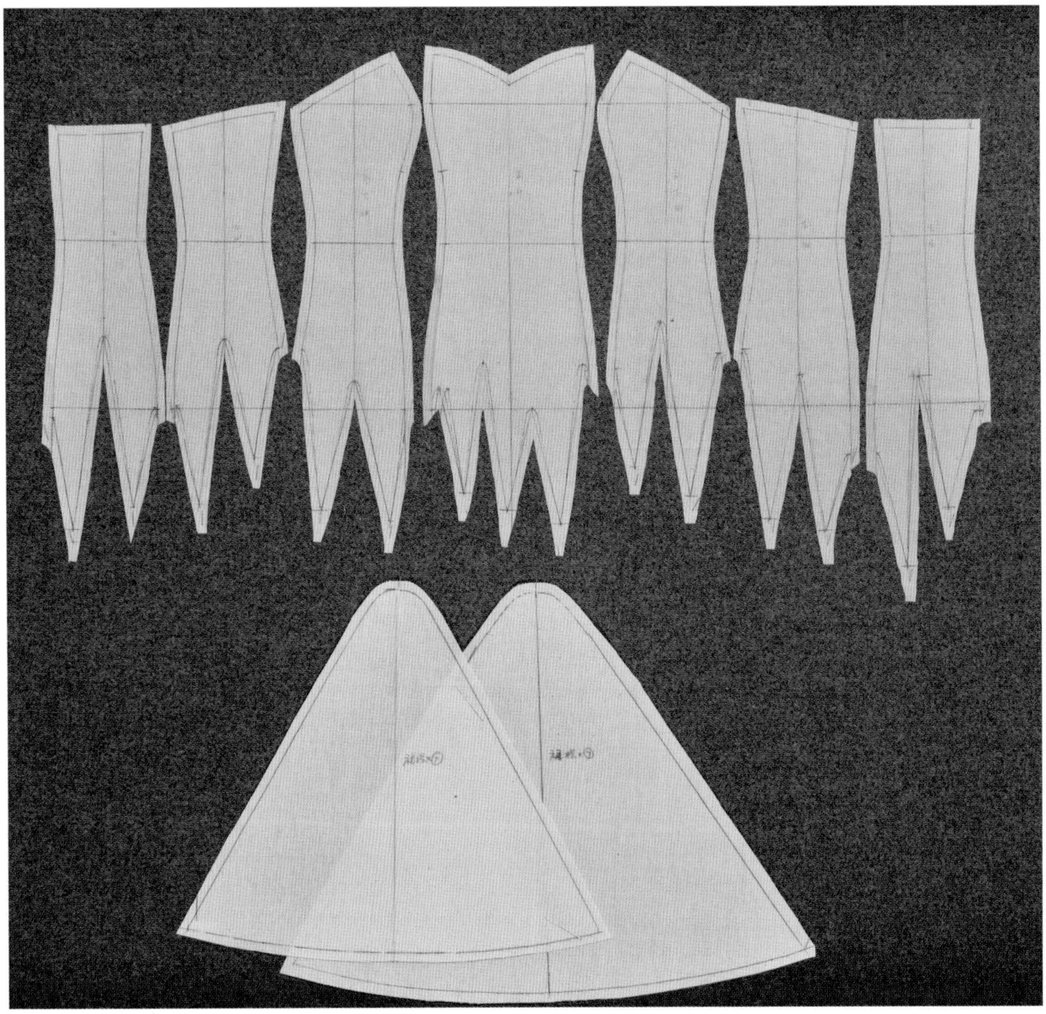

图 8-35

图 8-36

第9款

图 9-1

垂荡戗驳领披肩

图 9-2

图 9-3

（一）款式分析

这样开阔的戗驳领披肩并不常见，在穿着舒适度上其实是打折扣的，但并不妨碍我们练习这样创意十足的立裁作品。披肩衣身立裁由一片正方形布料对角制作，如面料特性允许，前片也可以直接前中直纱制作。戗驳领巧妙地结合披肩垂荡效果，在此，领宽、领深、驳领长度、肩斜角度、衣长比例都是构成整体和谐的要素（图 9-1 ~ 图 9-3）。

（二）操作步骤

1. 备布（图 9-4）

单位：cm

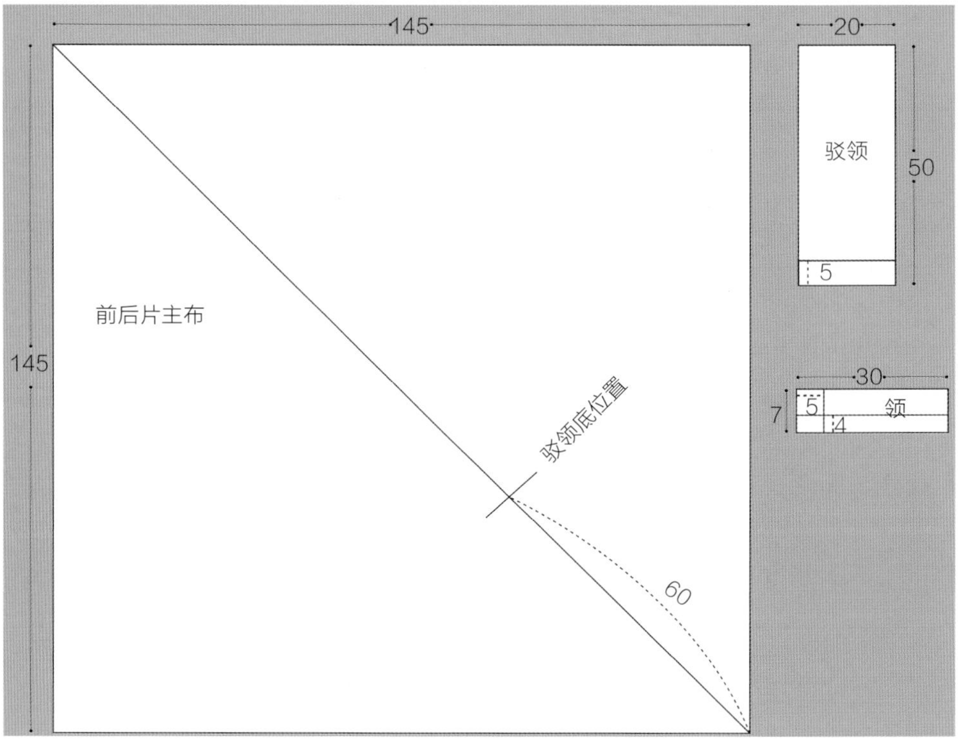

图 9-4

2. 制作衣身

图 9-5

>> 图 9-5 将正方形备布对角 45° 斜纱垂直放置在人台中心，确定衣长位置。和以往半身制作稍有不同的是，垂荡感的款式必须对称备布才能制作。摆放布料时需要关注腹部的立体量和肩部固定点的三角关系，这是整件衣服至关重要的步骤。

>> 图 9-6 前片肩部确认好后，开始由两侧肩宽外确定好上臂附近披肩的斜度和宽度，再顺势转向后背，后领口可以制作一个领省，肩线处此时浮起量较大，做成省。

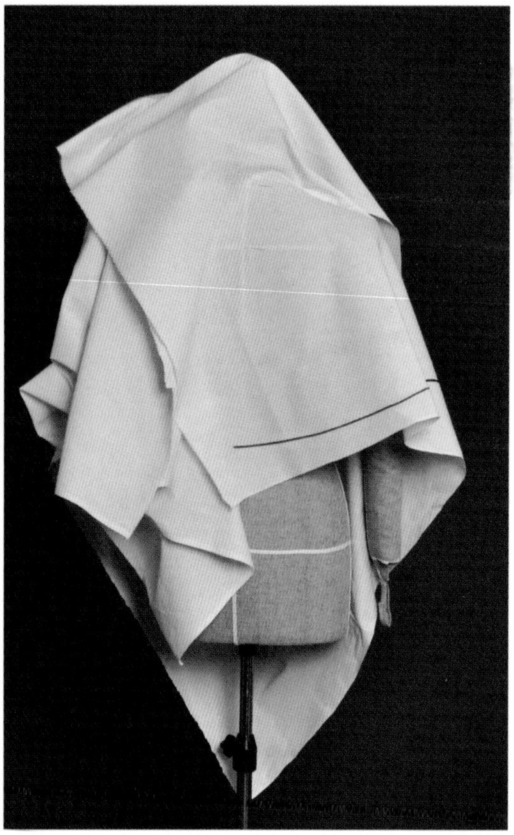

图 9-6

3. 制作领子

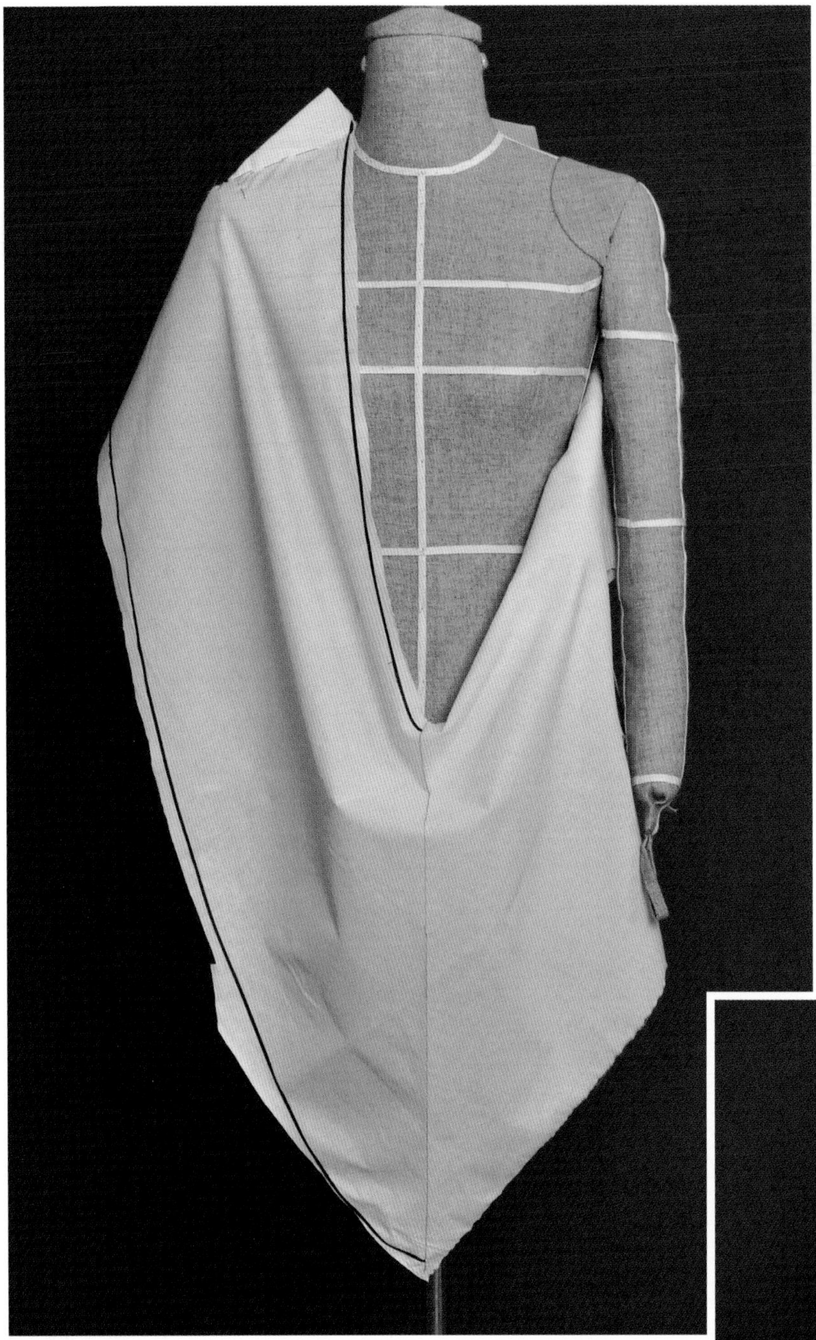
图 9-7

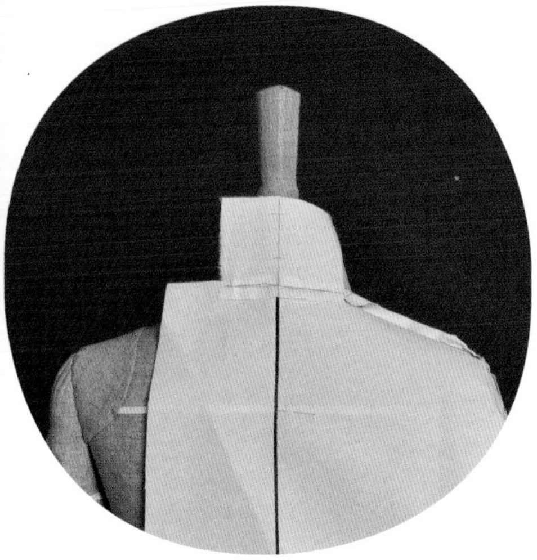
图 9-8

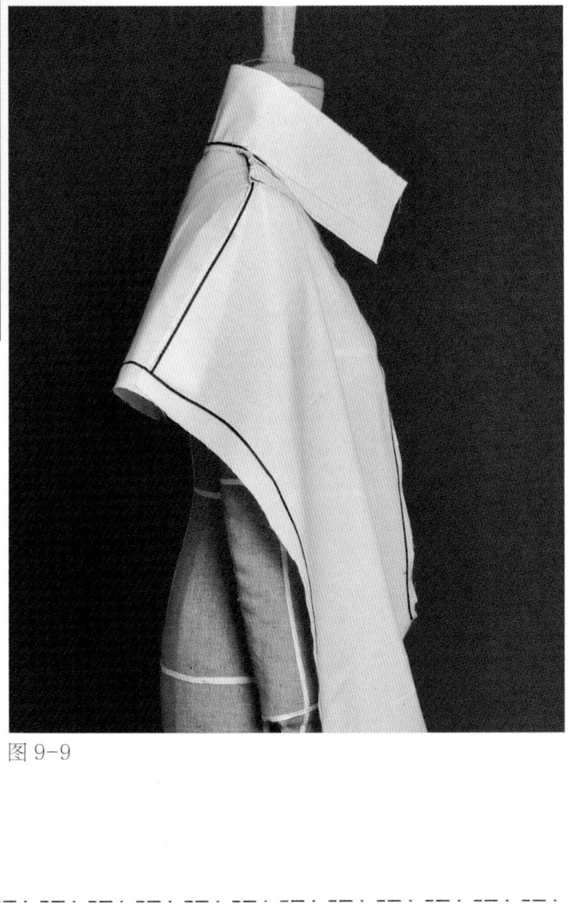
图 9-9

>> **图 9-7** 领口留 1cm 布边，下摆 3cm。检查修剪后是否仍然有清晰的垂感，将两端对称固定好，披肩边缘不仅要顺畅，还要时常远观整体比例的协调感。

>> **图 9-8** 做领子，将领子备布后中对齐人台后中，领口 2cm 平行别针，然后顺至侧面。

>> **图 9-9** 观察领子垂直抱脖的状态，注意别针位置会逐渐向辅助线下滑，至前片串口线位置时达到约 1cm。

>> **图 9-10** 领转向前片，将多余布料向内折，领边缘扣势顺畅，领翻折线由后向前圆顺，并保有一定高度，后面会与驳领连接。

>> **图 9-11** 从侧面观察领子转向，扣势严谨，与衣身无明显空隙。

>> **图 9-12** 将驳领备布前中垂直辅助线与垂荡衣身领口最低点垂直固定，强调驳领是垂直向前的立体状态，宽窄适宜。

>> **图 9-13** 驳领顺衣身垂荡状态向上兜转，将翻折线与领顺畅连接。

图 9-10

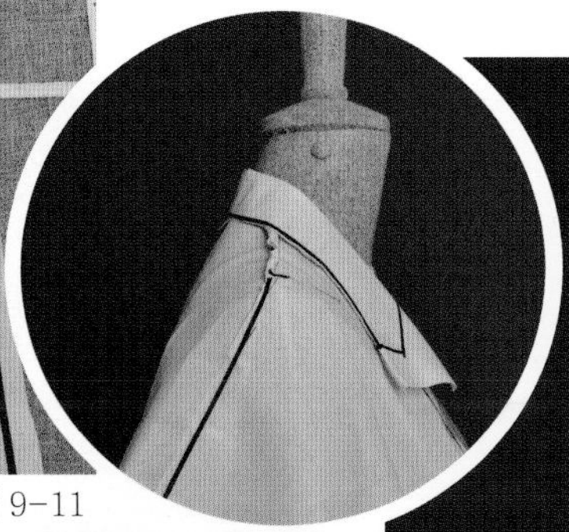

图 9-11

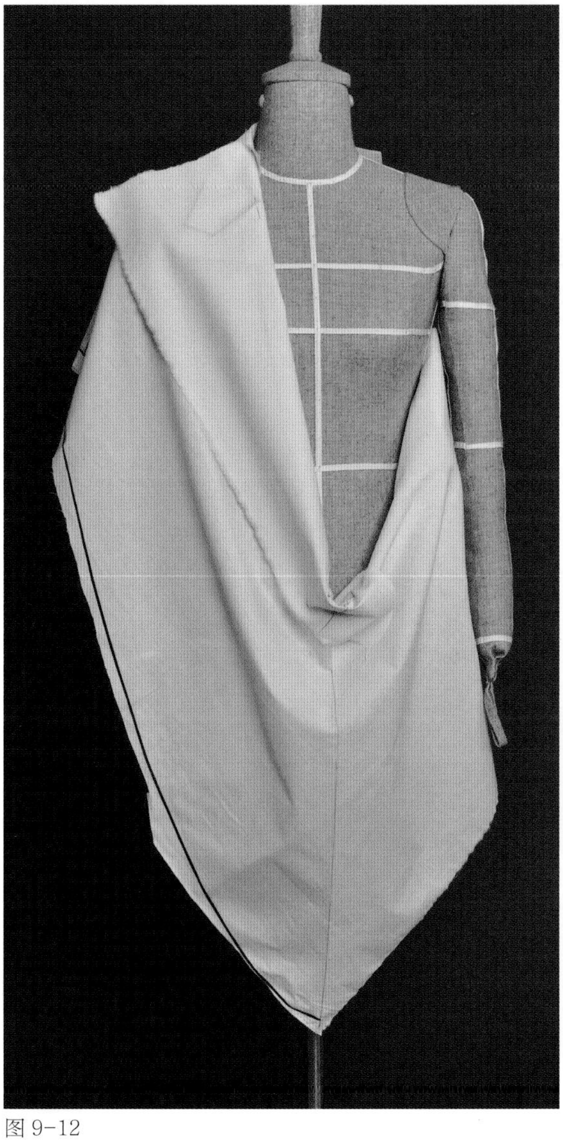

图 9-12

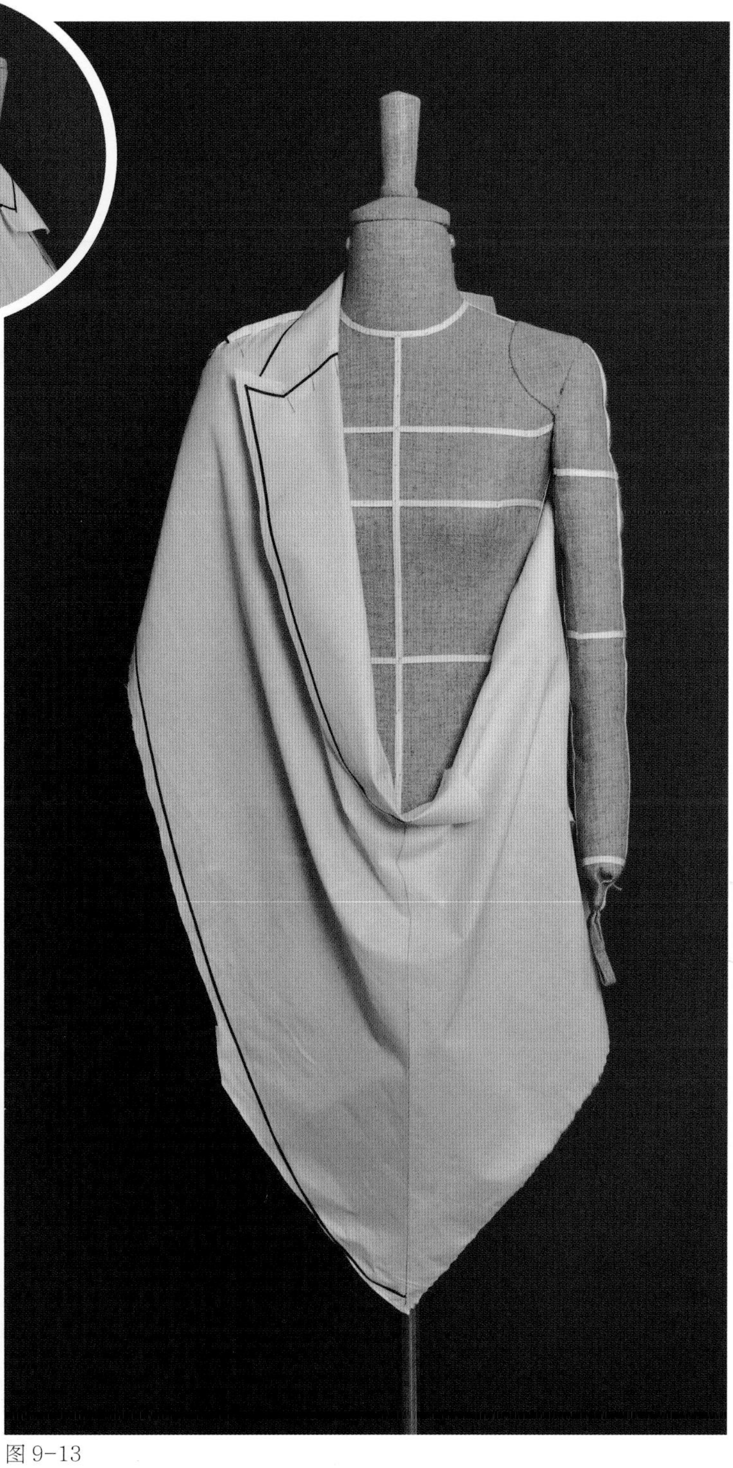

图 9-13

4. 绘制布版

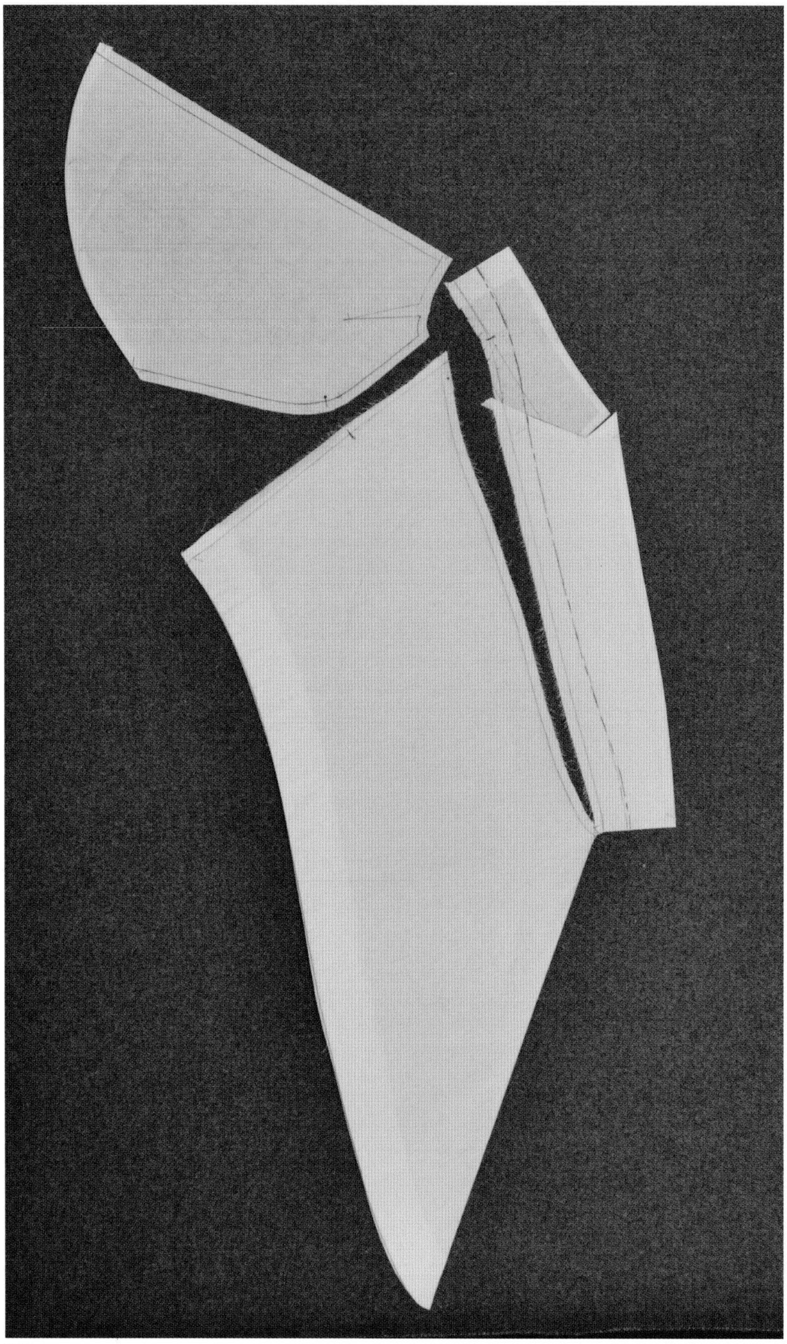

图 9-14

>>图 9-14 将标记点连线画顺，按照纱向摆放，核对各缝合线，标注肩点、省、颈侧点位置。画顺衣身边缘、翻折线等。测量前后衣长、肩宽尺寸，记录下来留档。

图 9-15

第 10 款

图 10-1

蝴蝶兰造型礼服

图 10-2

（一）款式分析

这是一款颇为性感的轻礼服裙，层叠的衣片形成缠绵流畅的线条，使之显得安静优雅，不会因为暴露过多而产生低俗感，反而因这种结构呼应相连的设计细节，使之更为性感妩媚，立裁白坯采用具有弹力和适度韧性的针织面料制作，实际服装建议采用稍具垂感并含有莱卡成分的混纺面料（图 10-1 ~图 10-3）。

图 10-3

（二）操作步骤

1. 备布（图 10-4）

单位：cm

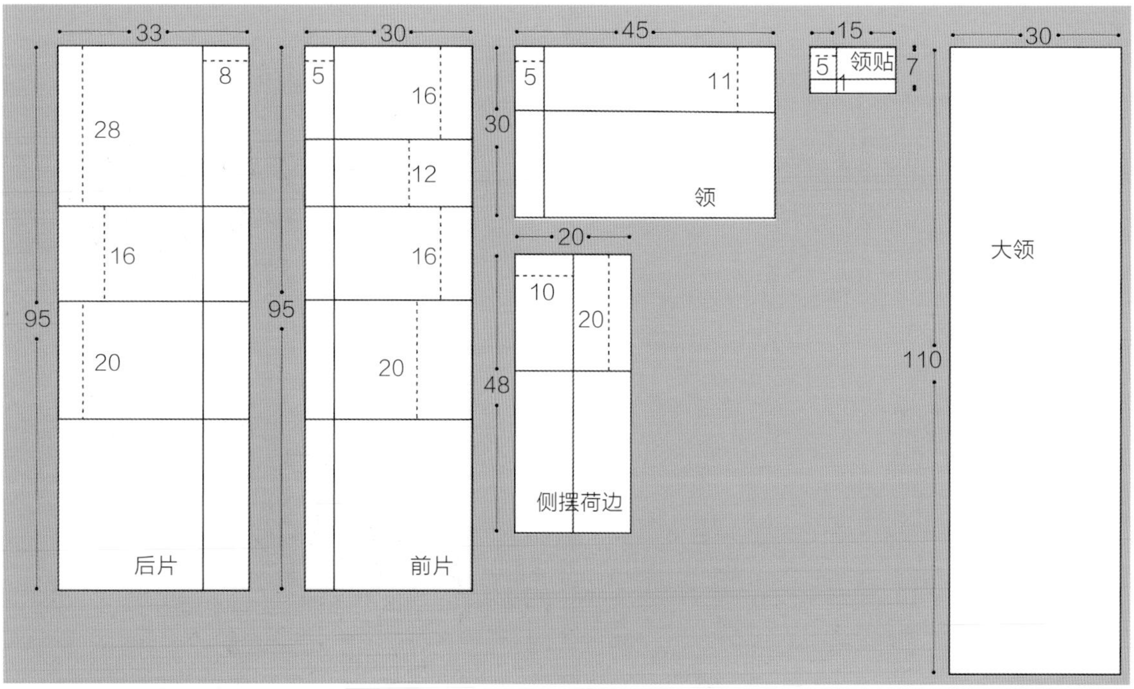

图 10-4

2. 贴人台标记线

>> 图 10-5 紧身礼服的立裁，人台需将牛皮纸由臀围线下围绕人台塑造出大腿的轮廓。红色标记线贴出前片衣身结构线，黑色标记线贴出肩部搭片和领子两条边缘位置。

>> 图 10-6 侧面镂空位置前后协调，领口、翻折线、领座位置、翻领轮廓均向后顺畅延伸。

>> 图 10-7 考虑到前片的露肤度，后片衣身也在背部裸露。

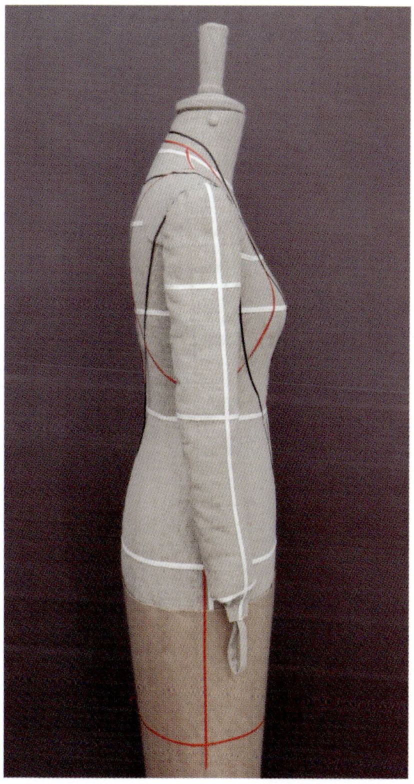

图 10-6

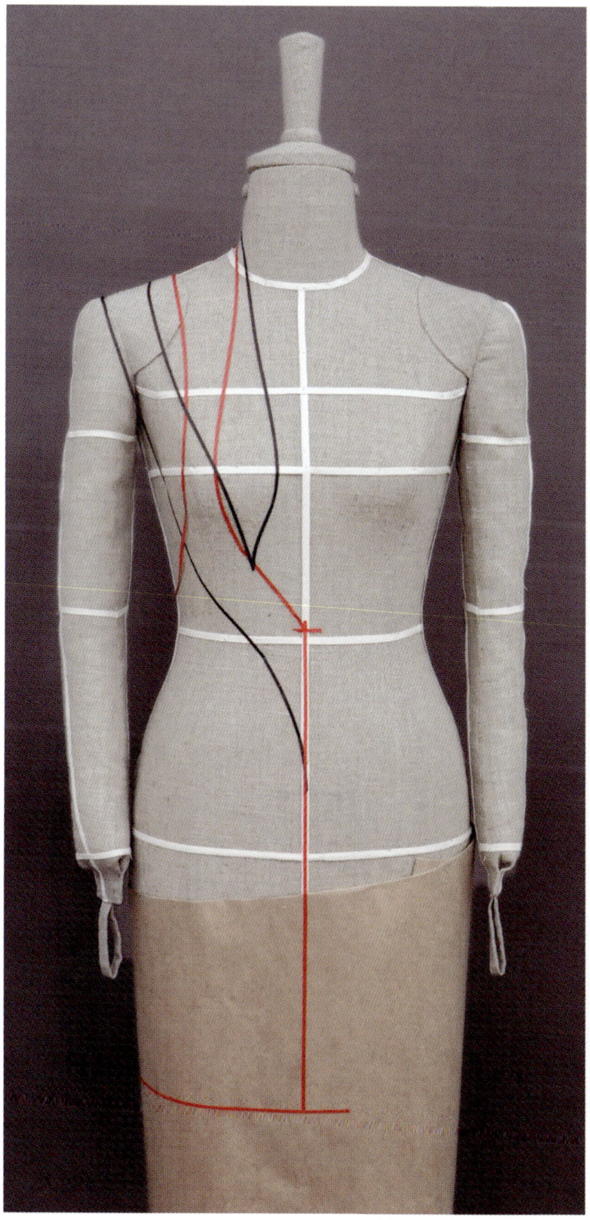

图 10-5

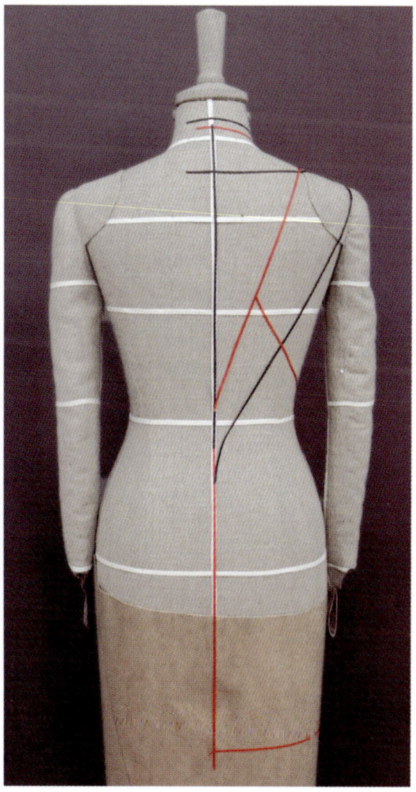

图 10-7

3. 制作前衣身

注意：弹力面料紧身服装的立裁制作，别针比较密集。虽备布稍有弹力，但只在横向稍带紧，纵向抚平即可，绝不可拉伸。

>> 图 10-8 将备布前中垂直胸围线水平，在人台上简单固定，肩部简单固定。

>> 图 10-9 由臀围线两端开始沿臀围线水平固定，再向下固定裙摆两端，下摆固定好后就可以将布料向腰部抚平，扩散别针。

>> 图 10-10 将布料向胸部抚平，继续向肩部延伸固定，鉴于胸部突出，将布料的浮起量收省。

>> 图 10-11 修剪多余布料，布边留 2cm 左右。

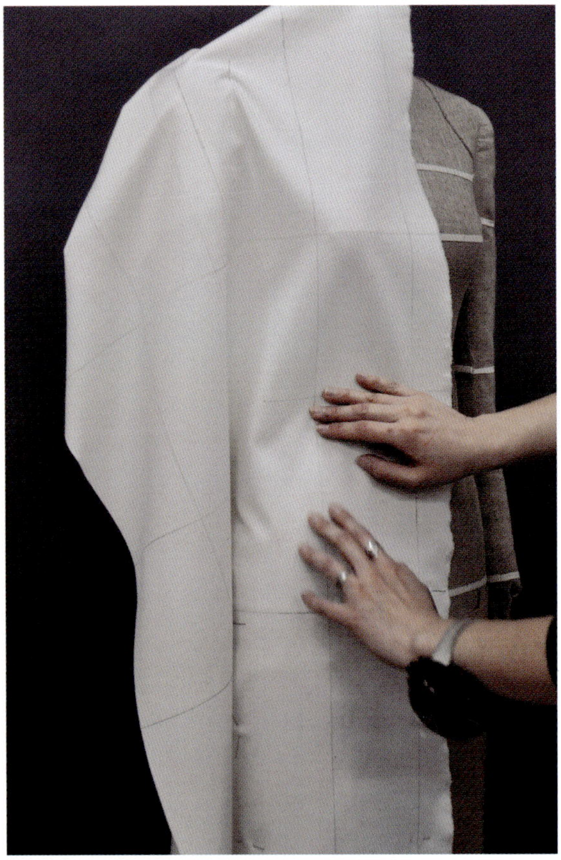

图 10-8

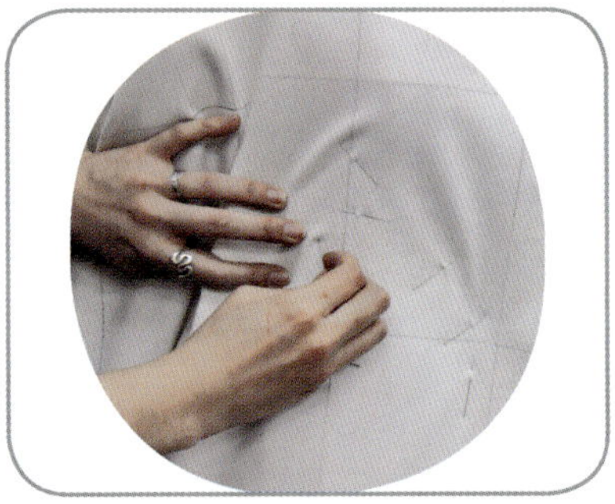

图 10-9

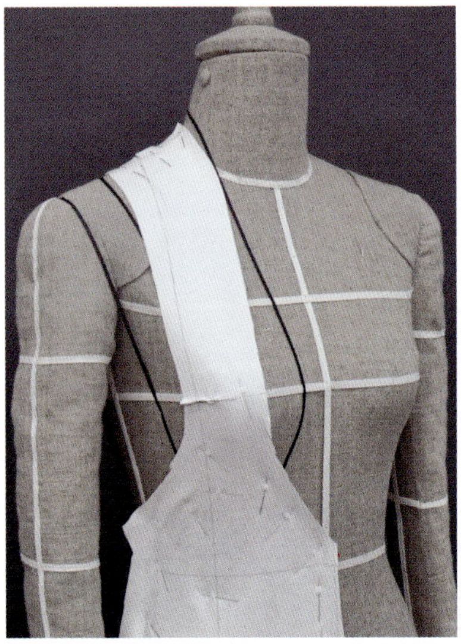

图 10-11

图 10-10

4. 制作后衣身

注意：利用韧性好的薄纸进行立裁，适合覆盖一些身体上较为平整的位置，也可避免一些创意变化造型在用布规划时产生过多的浪费，为确保准确性，也可以先利用纸来进行用料判断。

>> 图 10-12 将备布后中垂直臀围线，在人台上固定，肩部、腰部简单固定。

>> 图 10-13 由臀围线两端开始，将臀围线水平固定，再向下固定裙摆两端，下摆固定好后就可以将布料向腰部抚平，扩散别针。将布料向胸部抚平，继续向肩部延伸固定，修剪多余布料，布边留 2cm 左右。

>> 图 10-14 用纸来制作铺在肩部的搭片。

图 10-12

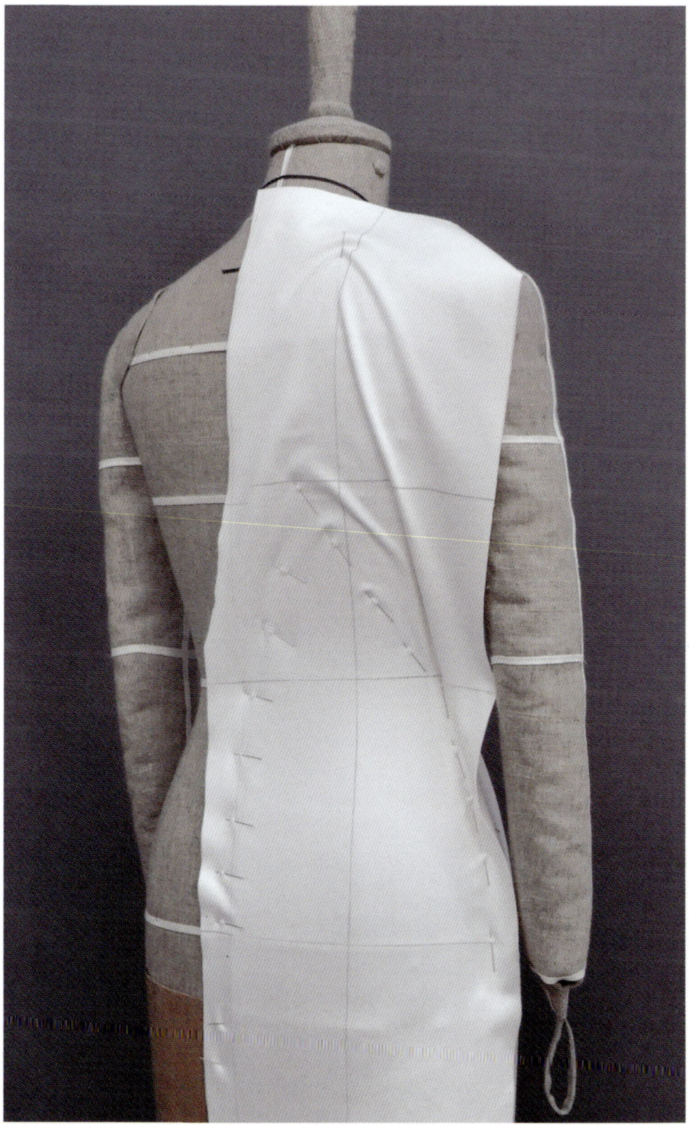

图 10-13

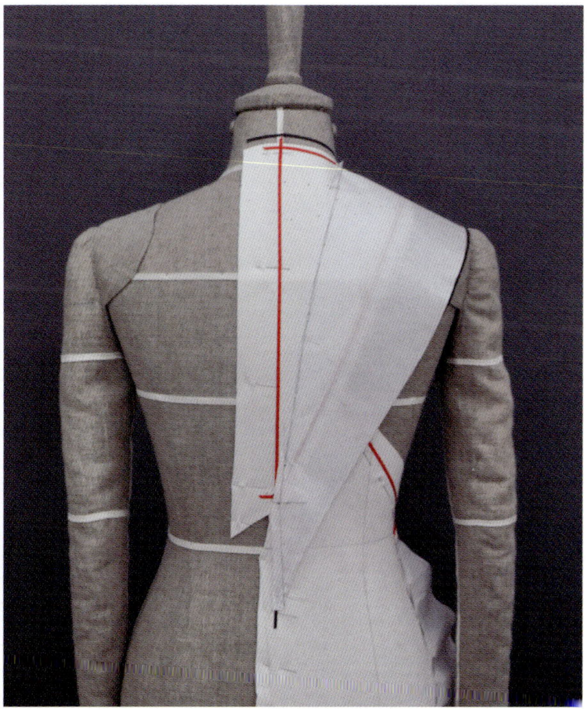

图 10-14

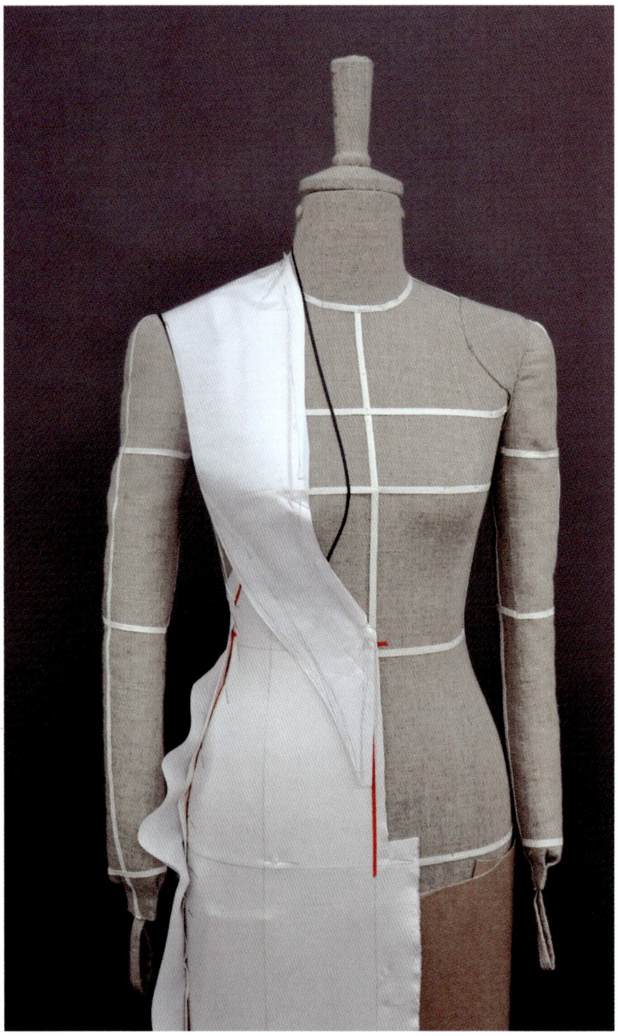

图 10-15

5. 制作领子

>> 图 10-15 肩部搭片从右后片向前延伸，颈侧与衣身领口连接处注意标记清楚，沿肩胛骨和胸点高度平顺至侧面即可，再依照设计修剪出顺畅优美的弧线。

>> 图 10-16 肩部的搭片是纵向前后连顺的，因而后领中间空虚，需要制作一条领托托住领子。

>> 图 10-17 将领备布后中垂直对齐人台，沿领口线水平固定 2cm，再转向侧面。此时需观察布料与颈部的关系，尽量使之抱脖的办法是将上领线部位稍微拉伸，伏贴地与衣身领口别针固定。

>> 图 10-18 在别领底时还要时常将领向外翻出，观察领宽、领座高度、翻折线顺畅幅度、领外口边缘伏贴度，综合协调后，最终加以固定和修剪。

图 10-16

图 10-17

图 10-18

6. 绘制布版

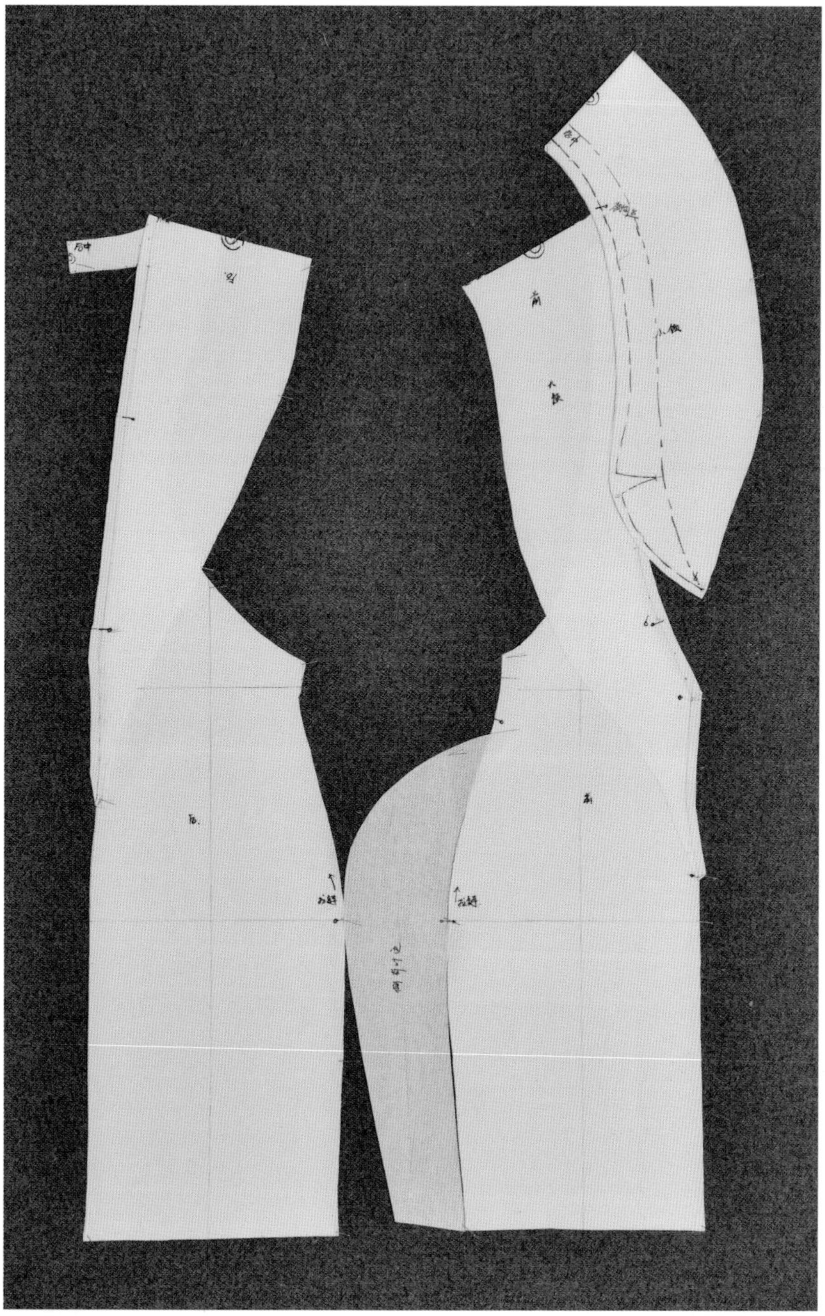

图 10-19

>> 图 10-19 将标记点连线画顺，按照纱向摆放，核对各缝合线，标注肩点、省、颈侧点位置。画顺衣身边缘、领翻折线等。测量前后衣长、肩宽尺寸，记录下来留档。

第11款

图 11-1

拼接无袖套装

图 11-2

图 11-3

（一）款式分析

这是一款细节别致、简洁的无袖套装，分割线打破以往惯用的位置，而以一根缎带般的斜条装饰夹在缝中，优美而富有趣味性。下身搭配腰部叠褶宽边阔腿裤，整套服装既休闲舒适，又不失设计感（图 11-1 ~图 11-3）。

（二）操作步骤

1. 备布（图 11-4）

单位：cm

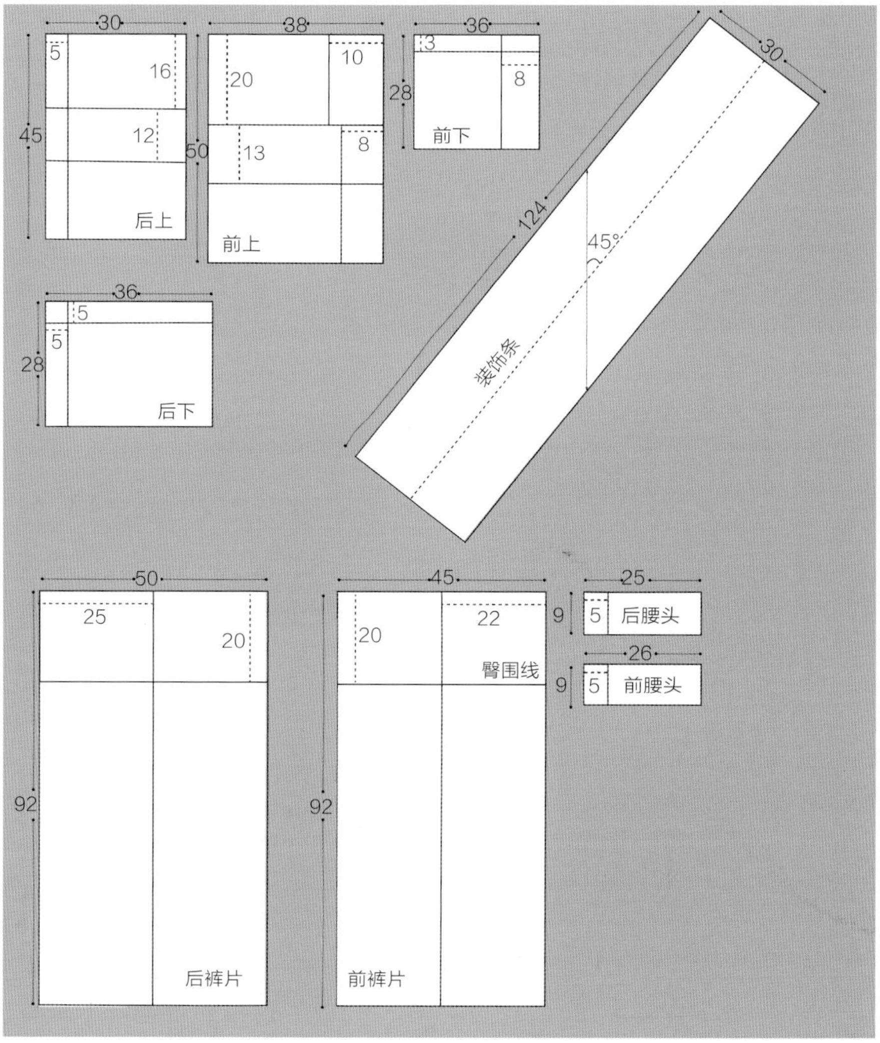

图 11-4

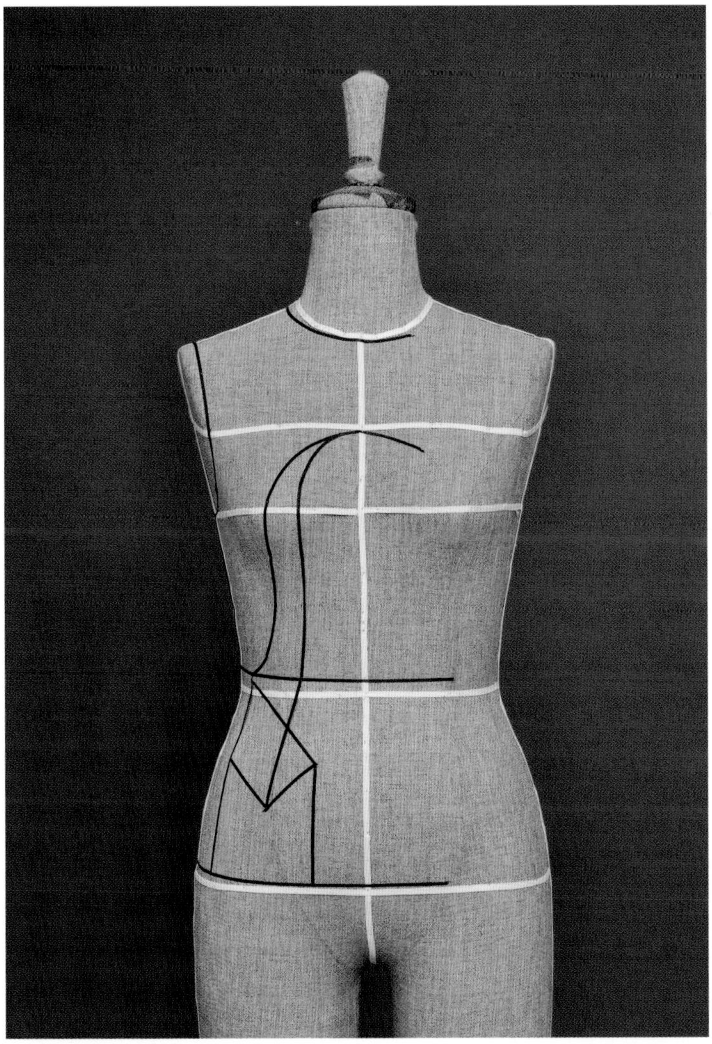

图 11-5

2. 贴人台标记线

>> 图 11-5 贴标记线，设计领口、肩宽、袖窿位置及断腰破缝位置，前片腰节抬高 1cm。

>> 图 11-6 贴侧面标记线，可以看清领口、袖窿是由肩点至胸围线十分圆顺的弧线，断腰和下摆位置都有后高前低的特点。

>> 图 11-7 后片一个腰省过胸围线约 5cm。

>> 图 11-8 领口弧线、腰节线、下摆线与后中垂直线成直角。

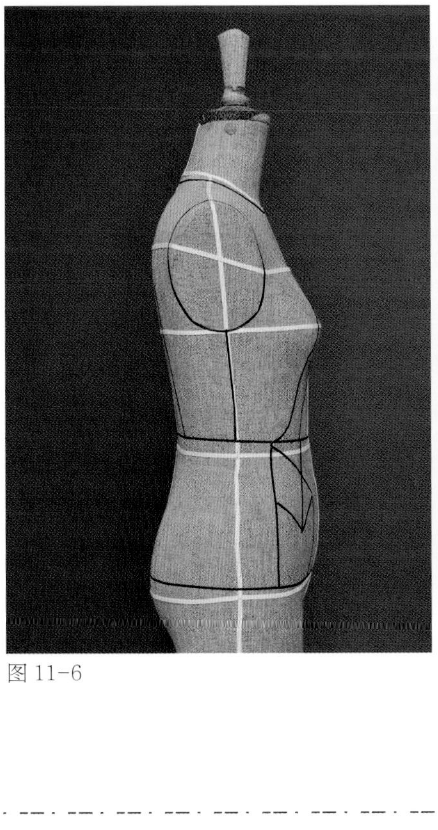

图 11-6

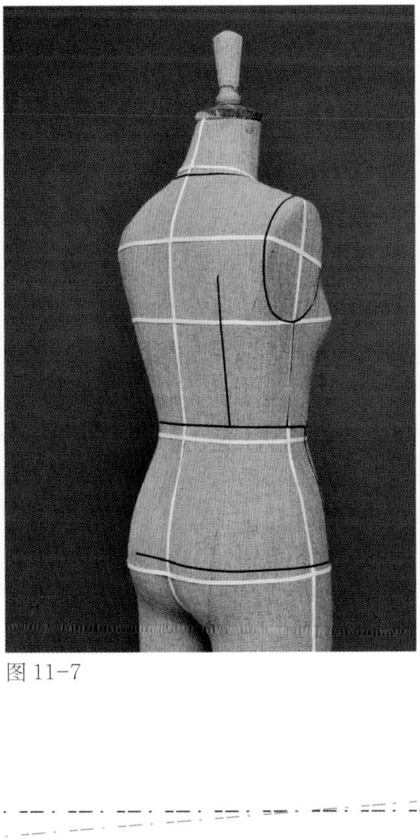

图 11-7

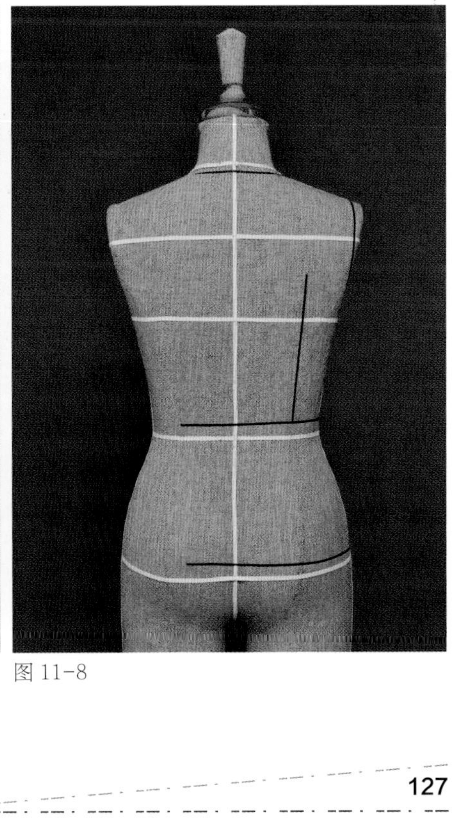

图 11-8

3. 制作前衣身

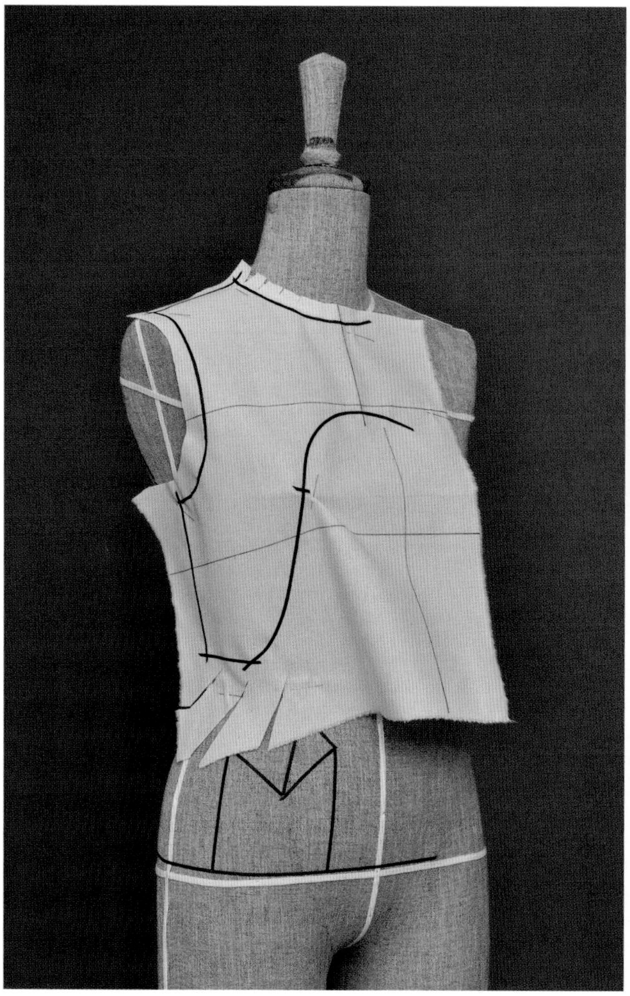

图 11-10

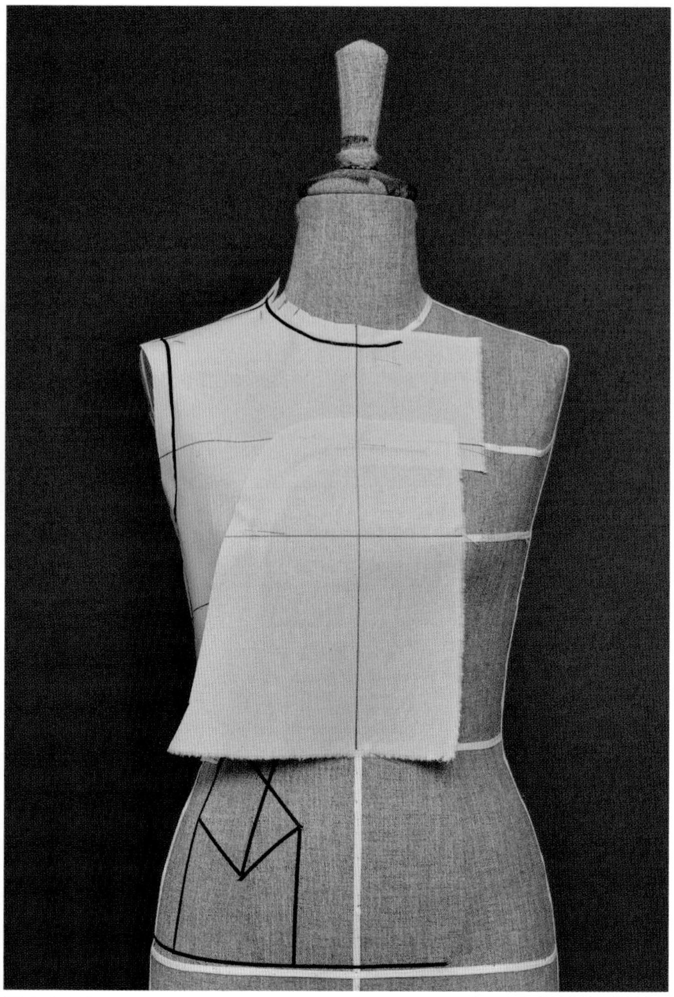

图 11-11

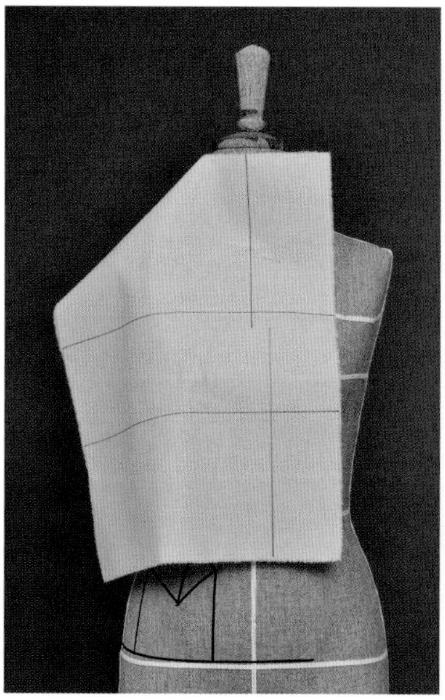

图 11-9

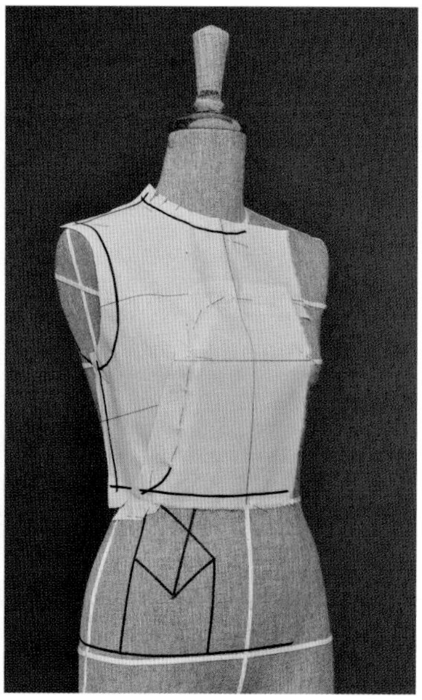

图 11-12

>> **图 11-9** 将备布前中垂直摆放，胸宽中线附近与人台固定。

>> **图 11-10** 领口留 0.2cm 锁骨松量，颈侧点固定。顺势抚平肩端点，固定，袖窿弧向胸围线保留舒适松量，与胸部、胸侧放松量融为一体，固定腋下点。贴前中弧线分割位置、领口线、肩线、袖窿、侧缝、腰节线标记线。

>> **图 11-11** 留 1.5 ~ 2cm 布边，修剪多余布料。做前中小片，将备布水平线与前中垂直一段 2 ~ 3cm，稍放松量，左右胸点固定。按照之前的前侧分割位置贴出标记线，留 2cm 左右布边，将多余的布料修剪掉。

>> **图 11-12** 前中腹部小片腰节线下 1.5cm 处与人台固定，贴出标记线。

4. 制作后衣身

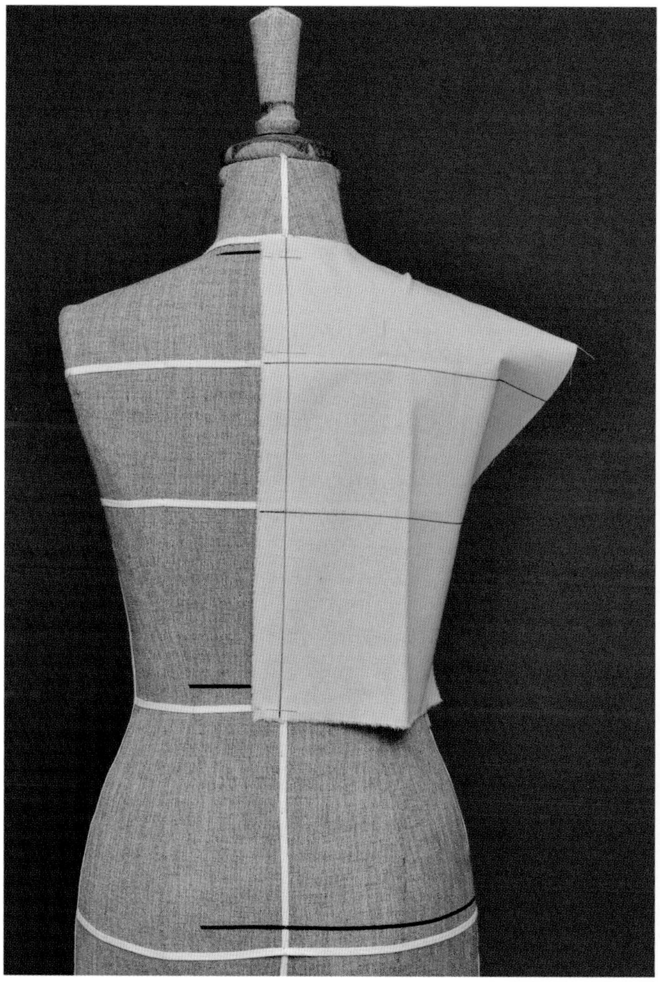

图 11-14

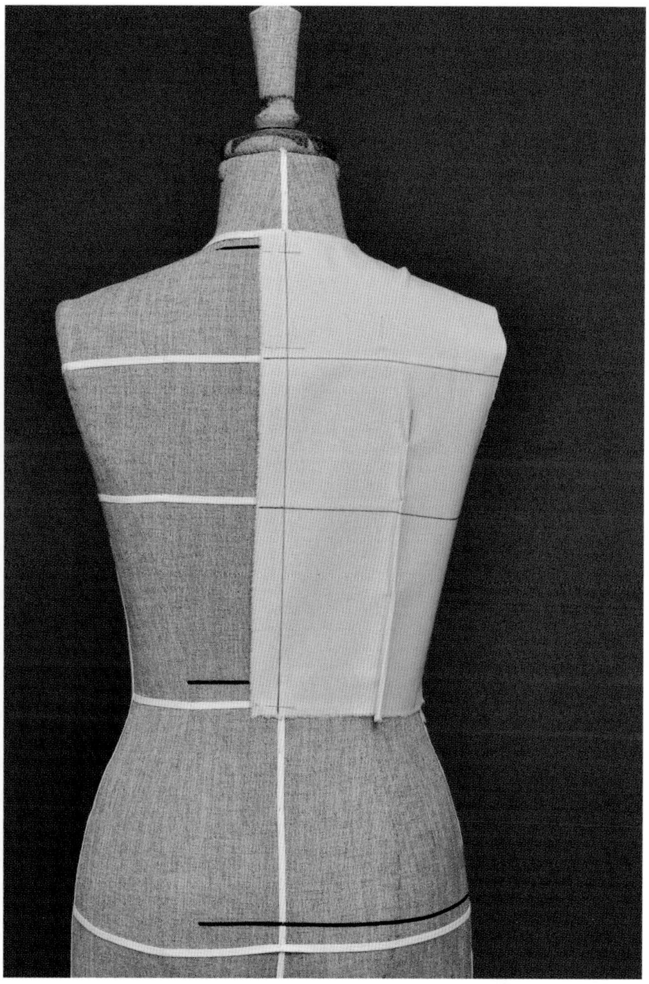

图 11-15

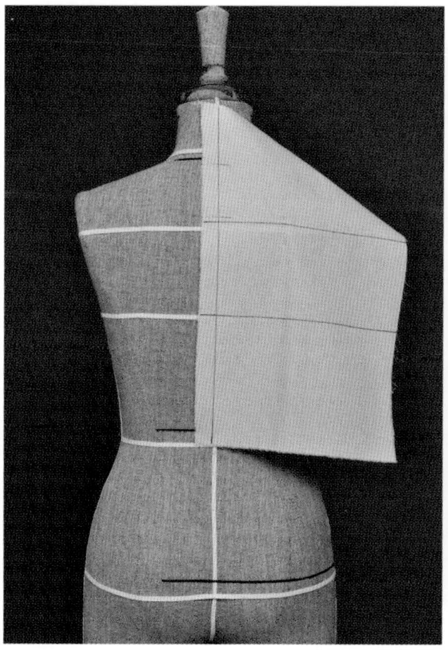

图 11-13

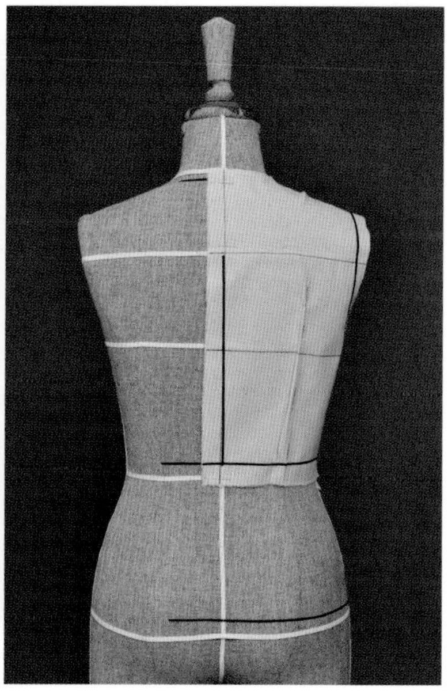

图 11-16

>>图 11-13 将备布后中垂直线与领口、肩胛骨交叉点固定，肩胛骨线水平固定 8cm，在右肩胛骨位置垂直向下抚平，中线收 0.5cm 省量。

>>图 11-14 右肩胛骨水平 8cm 处垂直向上抚平，与前片布料固定，肩胛骨浮起量 0.5cm 左右放在小肩线上与前小肩缝合吃进。

>>图 11-15 袖窿分散一部分肩胛骨浮起量，将布料转向侧面，在腋下与前片固定。将肩胛骨与腰部的浮起量留出松量后做省。

>>图 11-16 贴后中、袖窿、腰节标记线，留 1.5 ~ 2cm 布边，修剪多余布料。

5. 制作下摆

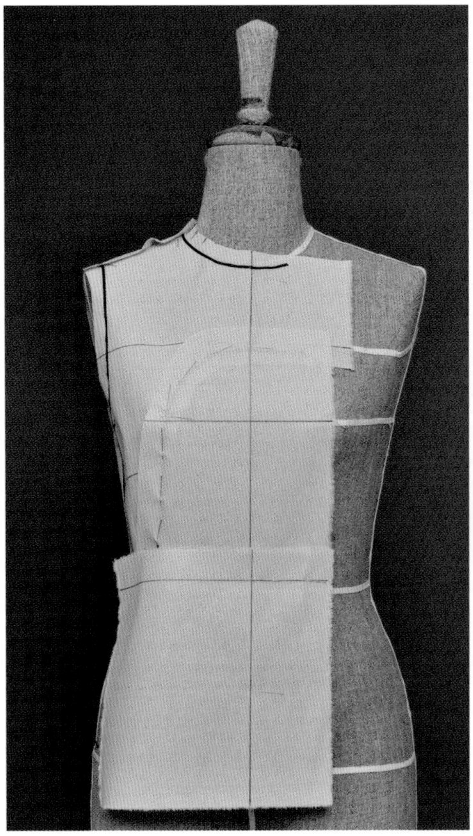

图 11-17

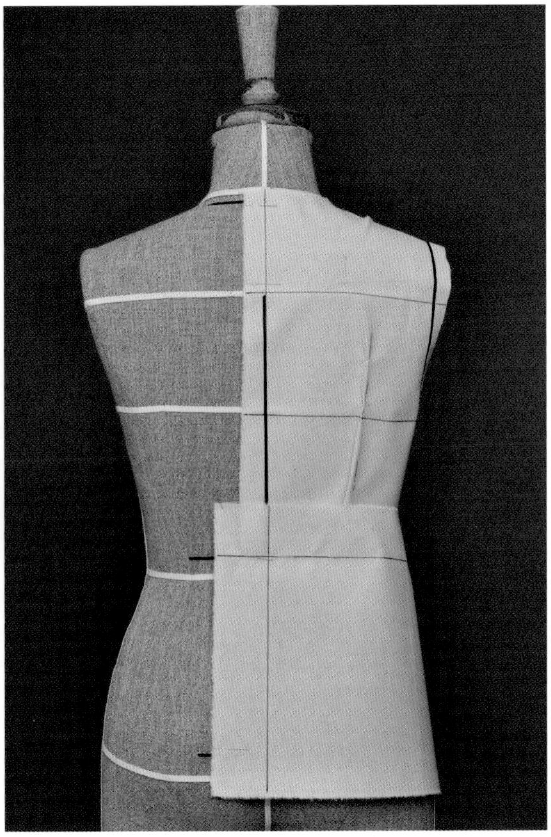

图 11-18

>> 图 11-17>> 图 11-18 立裁前、后片下摆，将备布前、后中线垂直腰节辅助线水平对齐做好的上半身固定腰节线、腹部或下摆线。

>> 图 11-19>> 图 11-20 先沿前、后中水平固定 4 ~ 5cm。开始放出下摆胯部放松量，并塑造梯形的下摆造型，贴标记线，留 2cm 左右的布边，将多余布料修剪。

>> 图 11-21 侧面效果，后高前低。

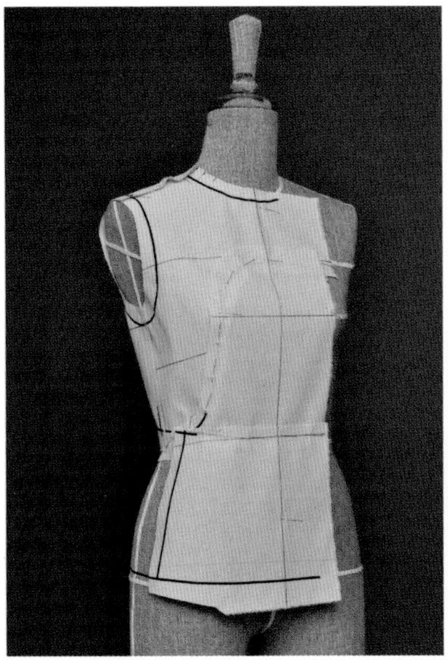

图 11-19

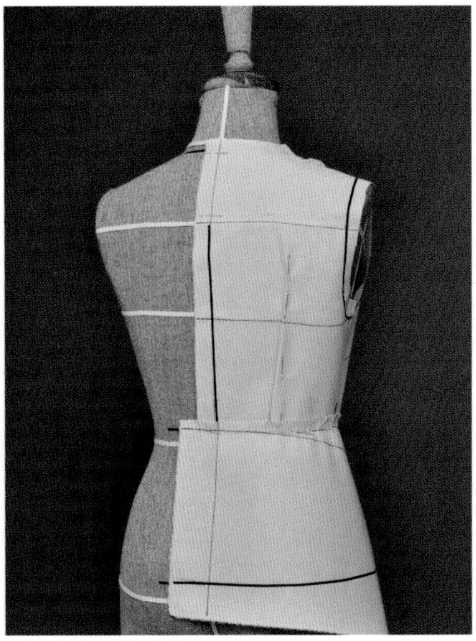

图 11-20

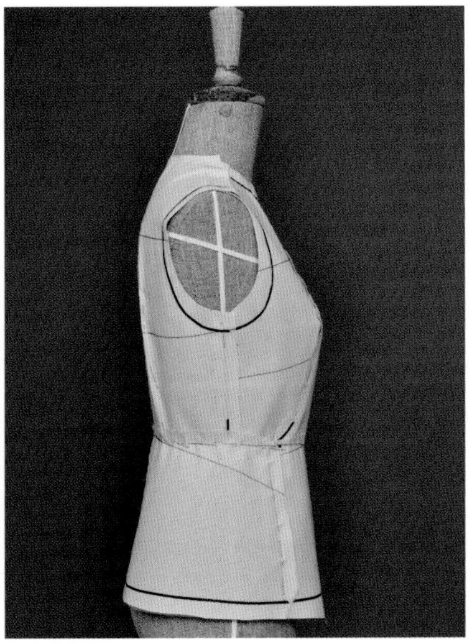

图 11-21

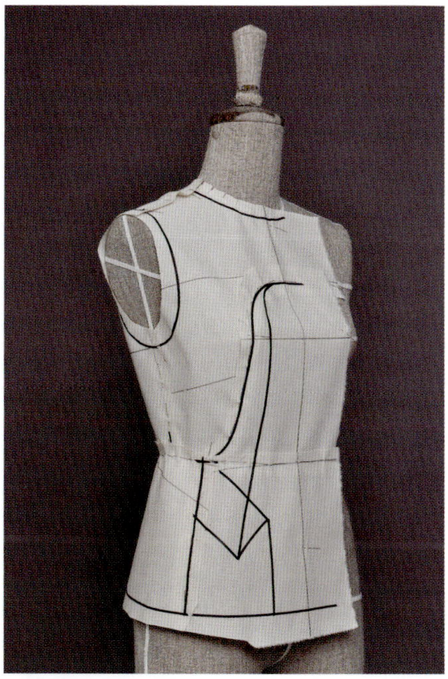

图 11-22

6. 制作前身装饰条

>> 图 11-22 检验立裁好的衣身空间量与平衡感，观察线条的顺畅度，贴装饰条的具体位置。

>> 图 11-23 将正斜 45° 装饰条备布对折，前中位置对齐人台首先固定，开始时角度几乎与衣身是垂直的，过胸点转弯处后渐渐开始伏贴身体。

>> 图 11-24 装饰条逐渐顺至腰部，折叠出设计量，与腰节和下摆固定，调整检验与衣身的吻合度。平视人台时装饰条下摆处尽量和衣身下摆重合，这样显得线条整齐、简洁，不会造成混乱感。

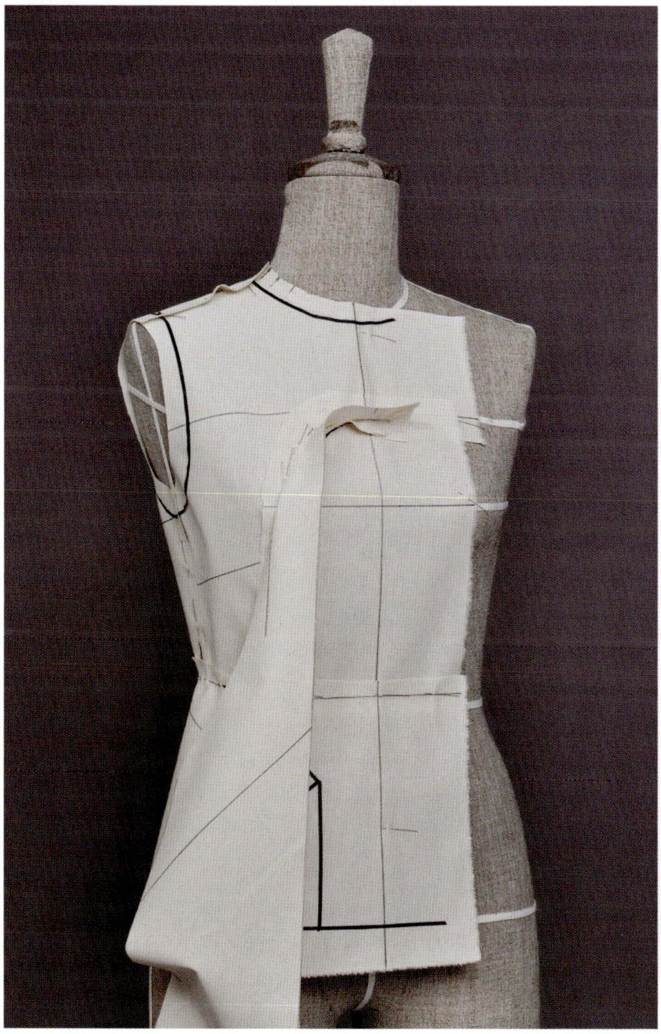

图 11-23

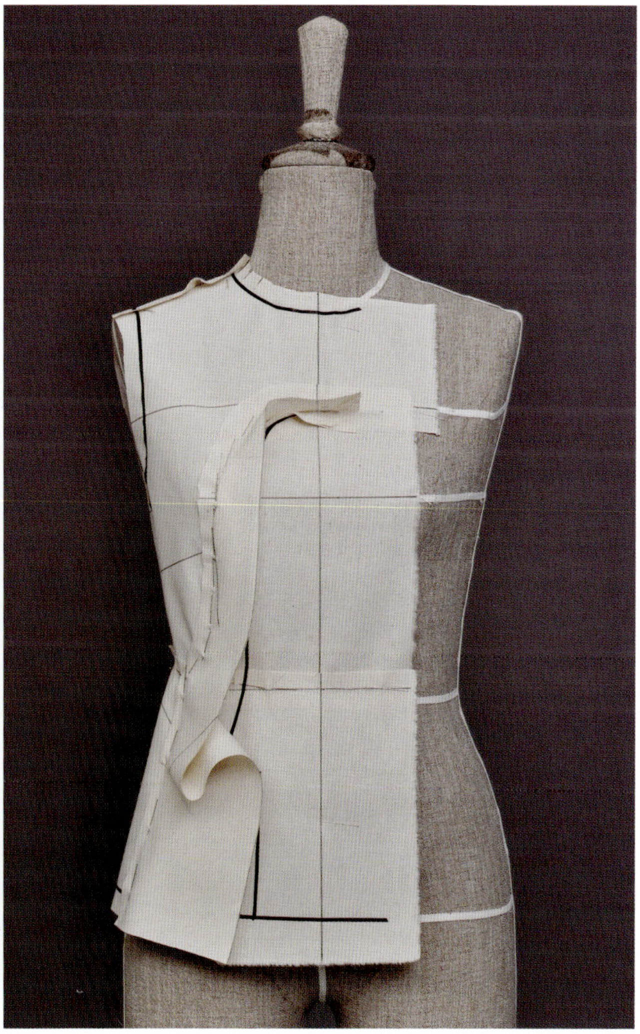

图 11-24

7. 贴裤子标记线

注意：裤子标记线与衣身不同，原来躯干的前中不是腿部的中心点了，这时我们采取由前正面观察在腿部正中向内一些的位置，侧面观察前身腿部最外缘附近确定为裤子前片的中线，裆缝的结构在平面结构设计当中处于人体臀部纵向剖面的位置并不是居中的，而是偏前一些，因此在立裁时侧缝也相应设计在前后臀围的 1/2 处偏前 1cm 的位置，也正因为如此，后片结构较为宽大，符合人体运动幅度的要求。

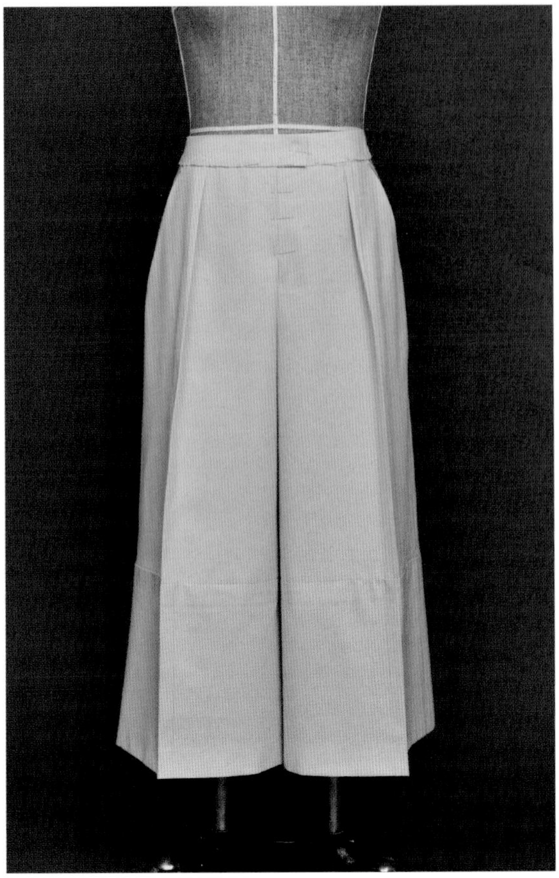
图 11-25

>> 图 11-25 裤子的组装样。

>> 图 11-26 贴前裤中线，腰头位置。

>> 图 11-27 贴侧缝线位置，较为偏前。测量臀围约为半臀围的 1/2 处向前 1cm。

>> 图 11-28 贴后裤中线，裤中线臀部至腰部弯曲向躯干后中靠拢，距离躯干后中 3 ~ 4cm 左右。

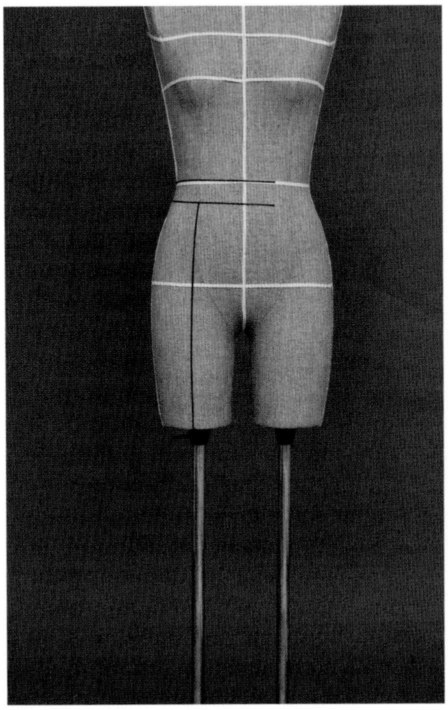
图 11-26

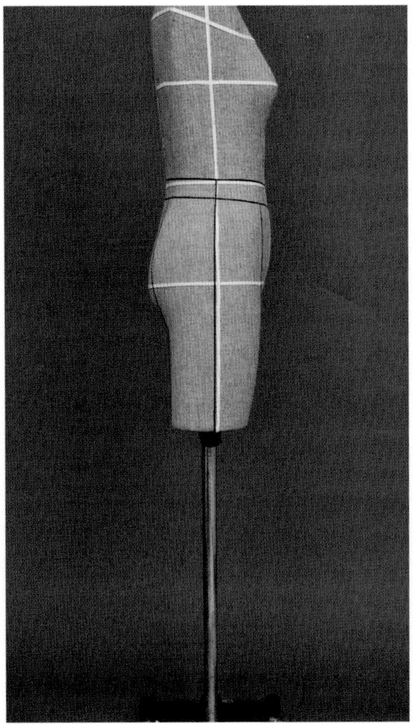
图 11-27

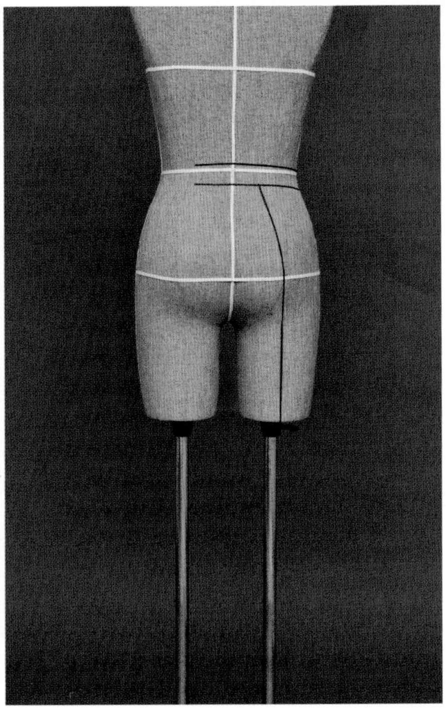
图 11-28

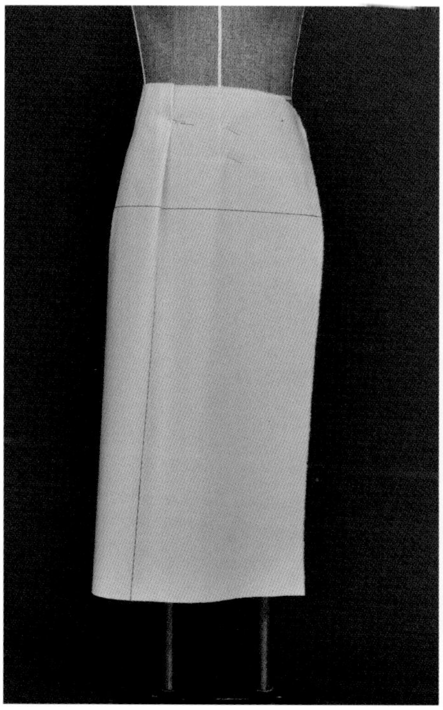
图 11-29

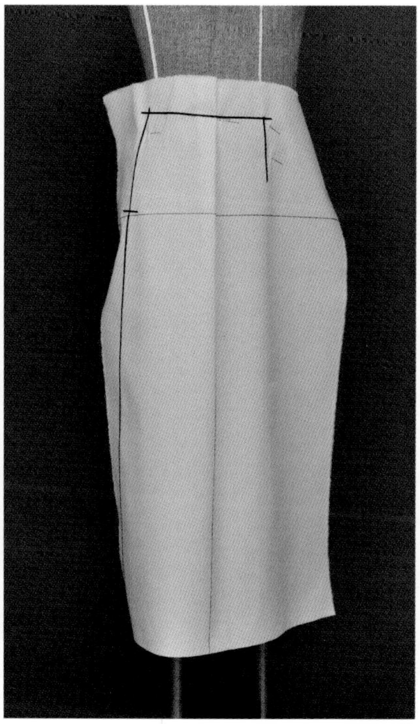
图 11-30

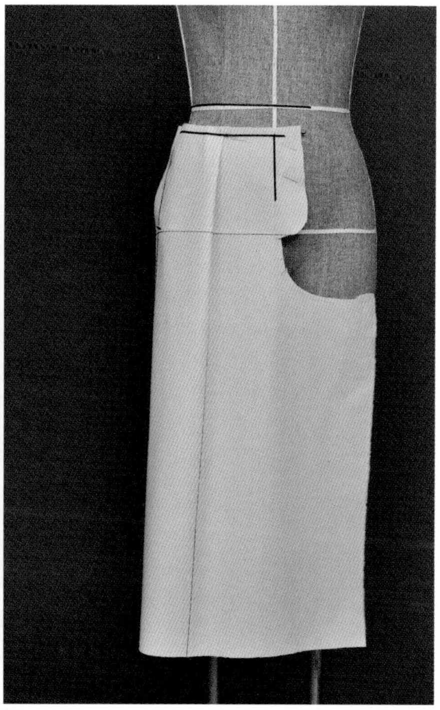
图 11-31

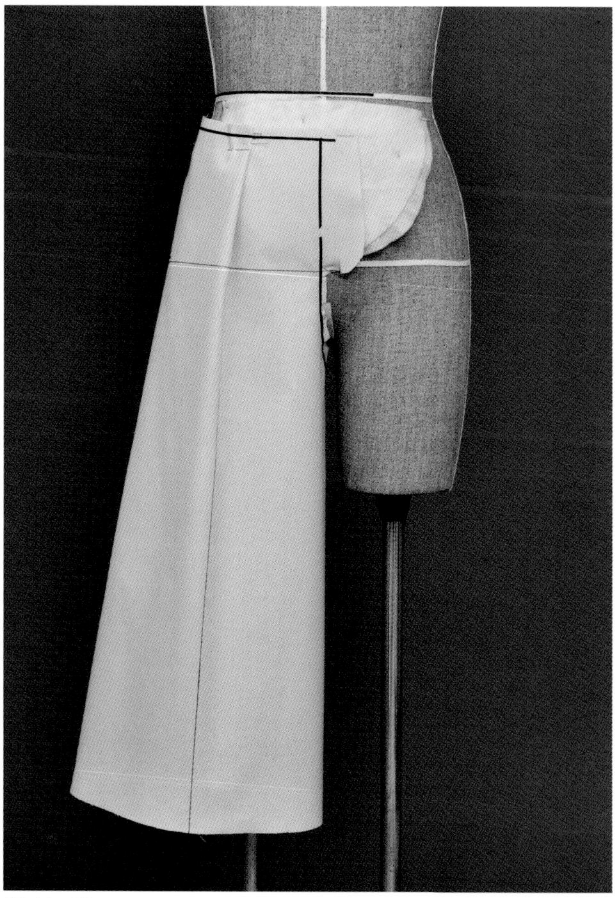
图 11-32

>> **图 11-29** 将前片备布的裤中线对齐人台裤中线，臀围线前中附近水平，腰部裤中线处推进一个腰褶。

>> **图 11-30** 贴腰节、前中、侧缝位置标记线。

>> **图 11-31** 由臀围线下先修剪弧线以备前裆转向。

>> **图 11-32** 因裤子臀围、腿围宽松，所以立裆也稍微开深 2.5cm。留 1.5cm 左右布边，修剪多余布料。

图 11-33

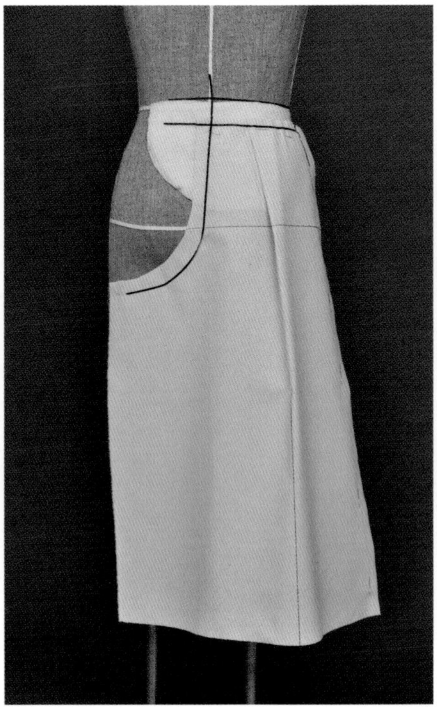
图 11-34

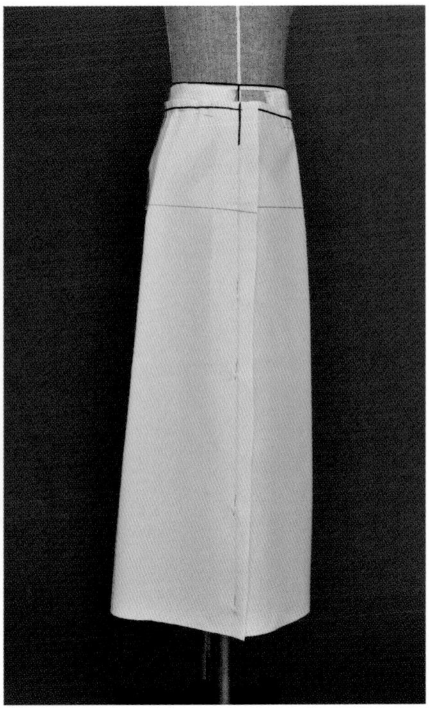
图 11-35

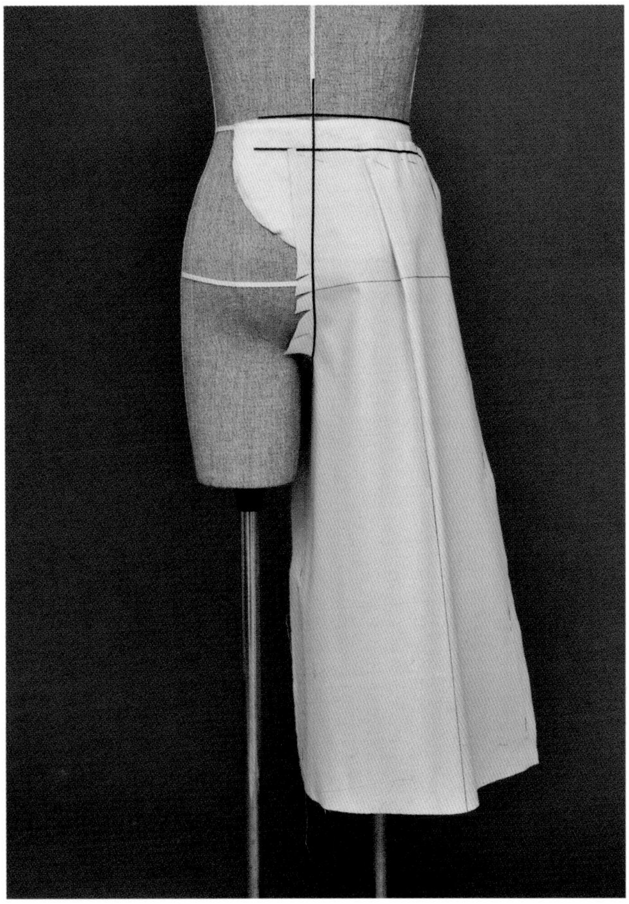
图 11-36

>> **图 11-33** 将裤子后片备布裤中线对齐人台中线，臀围线在侧面与前片对齐，腰部裤中线向外 3 ~ 4cm 处推进一个腰褶。

>> **图 11-34** 贴腰节、后中、侧缝位置标记线，由臀围线下先修剪弧线以备后裆转向。

>> **图 11-35** 观察侧片确定裤型，与前片叠搭别针。

>> **图 11-36** 后裆较宽大，立裆也稍微开深 2.5cm，留 1.5cm 左右布边，修剪多余布料。

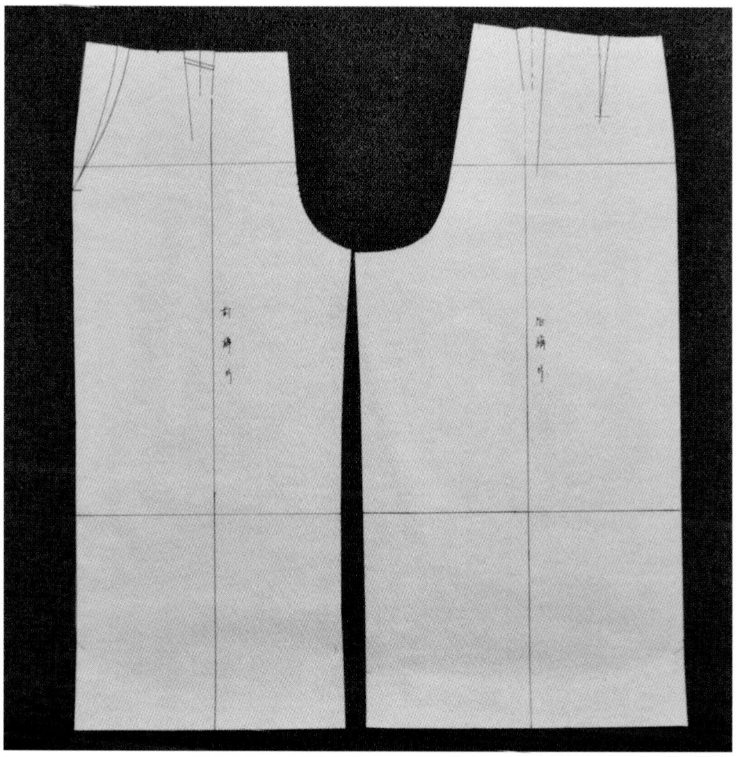

图 11-37

8. 绘制布版

>> 图 11-37 将裤子标记点连线画顺，按照纱向摆放，核对各缝合线，标注褶位、省位。画顺前后裆弯。测量臀围、腰围、裤长尺寸，记录下来留档。

>> 图 11-38 将衣身标记点连线画顺，按照纱向摆放，核对各缝合线，标注省位、分割线对位记号。画顺前后领围、袖窿下摆等。测量肩宽、胸围、腰围、衣长尺寸，记录下来留档。

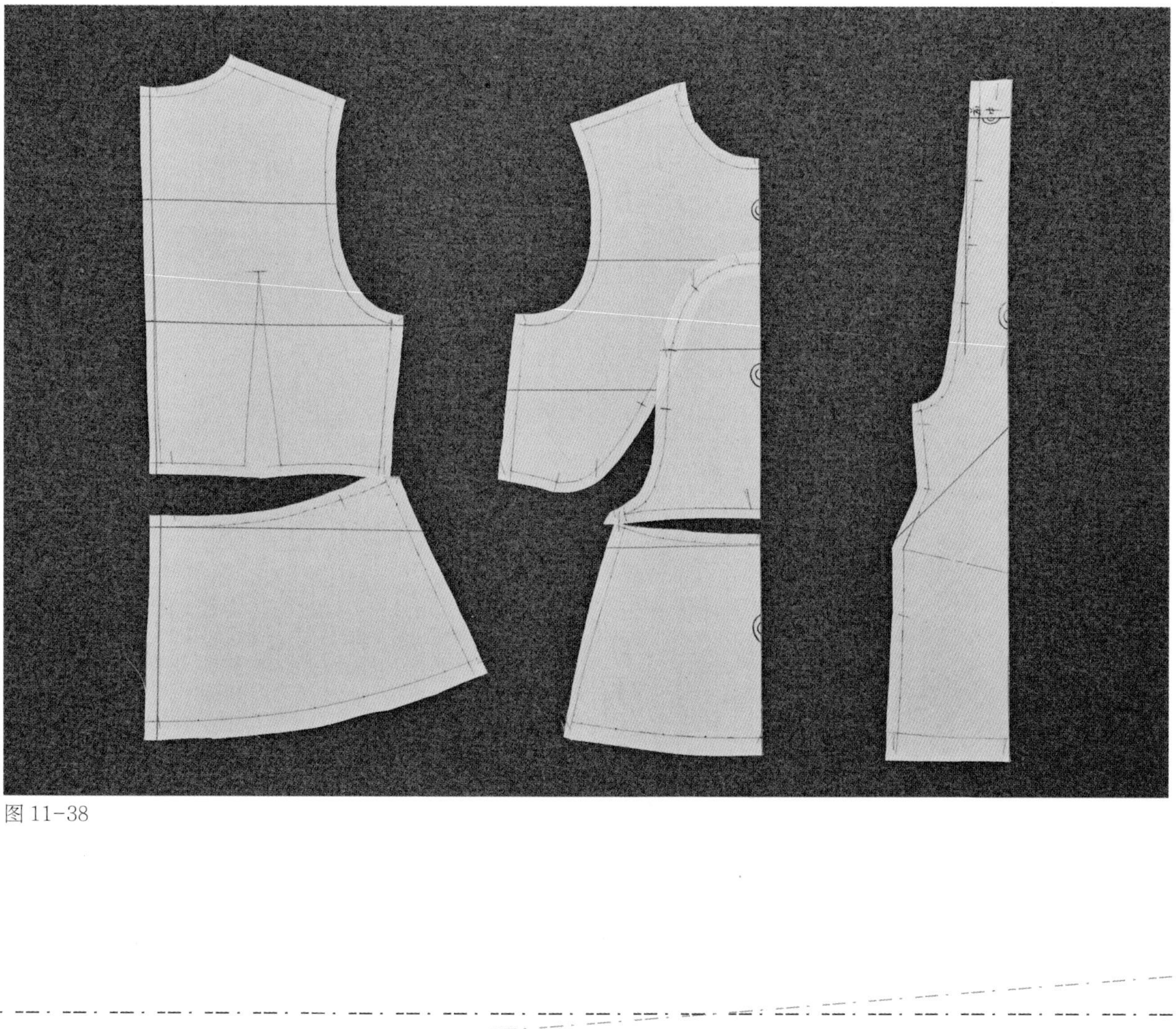

图 11-38

致 谢

工匠能安静地制作版型和衣裳，是一件时刻感受到幸福的事。

感激父母的熏陶和挖掘，引领我走上服装之路。

感谢立裁授业恩师金丽女士传授立裁技艺。

感谢东华大学出版社和编辑谢未女士，这本立裁教程能够集结成书离不开她们的付出。

感谢爱人、女儿风雨兼程一路相伴。

最后也要感谢这些年来我亲爱的学生朋友们，就是这样一个个满怀梦想、朝气蓬勃的未来服装人，给了我这个立裁匠人开发多维度立裁和服装结构工艺教学的原动力，再一次深深地感谢大家！

甄 珠

2019 年 1 月 11 日